Helmut Veil
Eis und Feuer

Helmut Veil

Eis und Feuer

Geologie wird Wissenschaft inmitten der Kriege Napoleons

Humanities Online

Bibliografische Information der Deutschen Nationalbibliothek
Die Deutsche Nationalbibliothek verzeichnet diese Publikation in der Deutschen Nationalbibliografie; detaillierte bibliografische Daten sind im Internet über http://dnb.ddb.de abrufbar.

Frankfurt am Main, Germany
www.humanities-online.de
info@humanities-online.de

ISBN 978-3-941743-73-1

Umschlaggestaltung: Uwe Adam
Titelbild: Marc-Auguste Pictet, *Essais de Physique*. Genève 1790

Printed in Germany

Dieses Buch ist auch als E-Book erhältlich:
www.humanities-online.de

Inhalt

Vorwort

»Jede Bewegung über eine ebene Fläche«, sagte Joseph Brodsky in *Flucht aus Byzanz*, »die nicht von physischer Notwendigkeit diktiert wird, ist eine räumliche Form der Selbstvergewisserung, sei es die Errichtung eines Imperiums oder sei es der Tourismus«. Auch der reisende Forscher lebt von dieser Art der expansiven Aneignung und war im 18. Jahrhundert mit an Bord, wenn weit abgelegene Gebiete dem Mutterland als legitime Kinder zugeschlagen wurden.

Die Reiserouten der Geologen waren damals in weiten Teilen deckungsgleich mit denen der *Grand Tour* der britischen Aristokratie und die Zwischenstation in Genf nicht selten ein gemeinschaftliches Erlebnis des Adels mit den ebenfalls oft adligen Wissenschaftlern. Der Besuch der Naturalienkabinette mit der Ernte alpinistischer und vulkanologischer Exkursionen, die Besteigung der Gletscher von Chamonix und ein Treffen mit Saussure, Pictet, Deluc und anderen Genfer Wissenschaftlern waren Höhepunkte ihrer Reise. Alle hatten mehr oder weniger komfortabel mit den Unbilden einer Alpenüberquerung zu tun. Am bevorzugten Ziel der *Grand Tour* in Neapel wartete das grandiose Schauspiel des damals häufig aktiven Vesuv und ein kunstbeflissener englischer Botschafter mit ausgeprägten vulkanologischen Interessen.

Ausgerüstet mit Botschafter Hamiltons opulentem Katalog antiker Vasen, hat der Porzellanproduzent Wegdwood die Nostalgiker der *Grand Tour* mit gut gemachten Repliken versorgt und nebenbei mit wissenschaftlicher Akribie einen Pyrometer zur Messung der hohen Temperaturen beim Brennen von Tonerde konstruiert, den auch der schottische Geologe Sir James Hall bei seinen Schmelzversuchen mit Lava, Basalt und Kalkstein gut gebrauchen konnte. Hall war als junger Mann während seiner jahrelangen *Grand Tour* einer der zahlreichen britischen Schüler in Genf. Er kannte das Eismeer von Chamonix und hat den Ausbruch des Vesuv 1785 erlebt.

Die Briten haben auf ihrer *Grand Tour* Genf als Außenposten für die wissenschaftliche Bildung ihrer Zöglinge mit allen Annehmlichkeiten britischer Lebensart eingerichtet und am üblichen Endpunkt der Tour in Neapel ihre militärische, kulturelle, wirtschaftliche und wissenschaftliche Dominanz als Staat im Staat mit 2000 Einwohnern organisiert, mit einem britischstämmigen Premierminister als Regenten des Königreichs Neapel und einem Botschafter, der reisende Romantiker und Wissenschaftler gleichermaßen in die Geheimnisse des Vesuv einweihte.

Die hektischen Aktivitäten des Direktoriums, in den letzten Jahren des 18. Jahrhunderts ein französisches Imperium zu errichten, das dem britischen weltweit Paroli bieten konnte, versetzten die Alpenregion und alle Anlieger des Mittelmeers in Aufruhr und verwandelten sie in ein Irrenhaus konkurrierender Großmachtinteressen. Die *Grand Tour* war unterbrochen, ihre Sehnsuchtsorte gefährlich geworden. Wer schon unterwegs war, blieb gefangen im wechselnden Kriegsunglück und war Ziel marodierender Banden. Demütigend war das Schicksal der Wissenschaftler in den französisch besetzten Gebieten, wo Beute machen hinter menschheitsbeglückenden Phrasen Staatsraison und die persönliche Bereicherung von Soldaten und korrupten Offizieren Alltag war. Wenn sich Wissenschaftler politisch gegen verknöcherte Feudalsysteme engagierten – und das waren nicht wenige –, gerieten sie schnell ins Kreuzfeuer sich ändernder Fronten und opferten ihre Zeit der Politik. Hart getroffen hat es auch die an der ägyptischen Invasion beteiligten Wissenschaftler, von denen viele nicht überlebt haben oder die wie Dolomieu unter den schlimmsten Bedingungen einer Einzelhaft in einem Kerkerloch schwer erkrankten.

Dass in diesen Zeiten der Waffengänge zu Land und Wasser und der staatlich organisierten oder von Wegelagerern durchgeführten Plünderungen überhaupt noch geologische Feldforschung und der Austausch von experimentellen Ergebnissen über alle Grenzen und Feindbilder hinweg organisiert und die Geologie ausgerechnet in Kriegszeiten zur Wissenschaft werden konnte, hat viel mit dem Selbstverständnis der Beteiligten als rationale Aufklärer überall auf der Welt zu tun. Das machte sie innerlich immun gegen die zunehmenden nationalen Beschränkungen in Europa und im Alltag gewitzt in ihren Ausweichbewegungen. Die gestörten Post- und Transportwege, die Einreiseverbote und Passbestimmungen und das Nachrichtendunkel, in dem Entscheidungen zum Glücksspiel wurden, verlangten Mut und Ausdauer. Alexander von Humboldts Versuche, zusammen mit dem weithin bekannten Lord Bristol, seine Reise nach Ägypten zu organisieren, sind ein Beispiel für diese flexible Hartnäckigkeit im Verfolgen eines wissenschaftlichen Programms und für die seltsamen Symbiosen, die Wissenschaftler mit spendierfreudigen Aristokraten der *Grand Tour* eingegangen sind. Das von Pictet und anderen in Genf herausgegebene Magazin der *Bibliothèque britannique*, das englische Texte in dem vielen Wissenschaftlern geläufigen Französisch zur Verfügung stellte, blieb auch während Krieg und Blockade ein zugängliches Werkzeug des internationalen Austausches, in dem die Diskussion um die höchst umstrittene Natur der Wärme und ihrer Rolle in geologischen Prozessen konzentriert und so intensiv fortgesetzt werden konnte, als sei nichts geschehen.

Feuer und Eis waren als Vulkan und Gletscher die Ideengeber für schwer beladene Exkursionen von Geologen, bei denen sie die Atmosphäre, die Höhe der Berge, die Sonneneinstrahlung, die Bewegung und Temperatur der Gletscher und die Fließgeschwindigkeit der Lava in ein Zahlenwerk verwandelten, mit dem sie im heimischen Labor oder in den Schmelzöfen der Industrie die Natur simulierten. Das raffiniert ausgestattete Physiklabor Pictets in Genf wurde zur internationalen Anlaufstelle für die Wiederholung von Experimenten, die verschiedene Autoren in der *Bibliothèque britannique* beschrieben haben.

In ihren Labors haben die Chemiker unter den Geologen versucht, nicht nur die Temperatur, sondern auch die Wärmemengen verschiedener Körper zu messen, denn sie wussten seit Joseph Blacks Entdeckung der latenten und spezifischen Wärme, dass hinter der gleichen Temperatur unterschiedliche Wärmemengen verborgen sein können, aber sie wussten über die Natur der Wärme nichts Genaues. Wie sich Wärme ausbreitet und ob Kälte strahlt, war höchst umstritten. Weil nichts geklärt war, wurden experimentelle Ergebnisse der bevorzugten spekulativen Theorie angepasst. Am besten sichtbar wird ihr theoretischer Ansatz, wenn ihr Vorgehen beim Experimentieren Schritt für Schritt nachvollzogen wird. Im zweiten Teil stelle ich deshalb Experimente von Lavoisier, Pictet, Prévost, Rumford und Hall so vor, wie sie sie selbst berichtet und abgebildet haben, und lasse sie daraus ihre Schlüsse ziehen.

Fortschritte in der Messgenauigkeit waren eng an die feinmechanischen Fähigkeiten der Instrumentenbauer gekoppelt. Von ihnen gab es auf dem Kontinent im Gegensatz zu England nur einige wenige in Paris und Genf, die höchsten Ansprüchen genügten. Eine erstaunliche Palette dieser empfindlichen Messgeräte haben Humboldt und Saussure mit sich geführt, einige von ihnen sogar selbst entwickelt und tourentauglich gemacht. Wenn sie zerbrachen, waren sie unterwegs nicht mehr zu ersetzen. Das bedeutete schon vor der Reise ausgedehnte Reisen an die Orte, an denen sie sich die Instrumente besorgen konnten, und das waren Paris und Genf. Genf jedoch war wegen der Kriegsereignisse nicht mehr opportun, selbst die Postwege waren gestört.

Der Geologe unterwegs war ein Alleskönner, kein Bereich der sich gerade ausdifferenzierenden Naturkunde war ihm fremd. Die sammelnde, messende und vermessende Entdeckung der Natur stand beim Aufstieg auf die Berge zu den damals noch imposanten Gletschern und beim Anblick eines Vulkanausbruchs noch nicht im Widerspruch zur Weltall umspannenden Seele eines romantischen Schwärmers, wenn sie Naturerscheinungen in ihre Einzelteile zerlegten und daraus ein wissenschaftliches Gesamtbild zeichneten. Die unverstandene Beziehung zwischen Erdwärme und Sonnenwärme ließ genügend Raum für Spekulationen, die das Gemälde vollendeten.

Einer dieser kühnen Entwürfe war die Theorie James Huttons, der von einem Beweis unter den isolierenden Bedingungen von Experimenten nichts wissen wollte. Sein Schüler Sir James Hall ließ sich davon nicht mehr abschrecken und ging daran, Huttons Theorie zu beweisen. Hutton hatte angenommen, dass Hitze in weit zurückliegenden Perioden auf alle Felsen, auch auf die, die sich jetzt an der Oberfläche befinden, eingewirkt hat, dass sie dabei unter einer Masse von großem Gewicht lagen und dass durch die Kombination von Hitze und Druck Wirkungen eingetreten waren, die sich von denen der Hitze bei normalen Aktionen unterscheiden, kurz, dass die Steine schmolzen, ohne dabei wie in einem normalen Feuer zu oxidieren. Was Hall dann alles veranstaltet hat, um mit seinen Experimenten zum Ziel zu gelangen, ist an Hartnäckigkeit und Einfallsreichtum kaum zu überbieten. Ich habe am Beispiel Halls versucht, ein in seiner Tragweite bisher wenig gewürdigtes Merkmal der Entwicklung der Geologie zur Wissenschaft herauszuarbeiten: die intensive Verbindung zur Keramik- und Glasindustrie mit ihren Kenntnissen über die Kristallisation von Silikatschmelzen und ihren Fähigkeiten, diesen Prozess zu steuern.

Als Hall die Ergebnisse seiner zehnjährigen Schmelzversuche in einer Eisengießerei 1800 veröffentlichen konnte, schlugen sie wie ein Blitz in die dogmatisierte Auseinandersetzung zwischen Nepunisten und Vulkanisten ein, die die Geologie in den letzten Jahrzehnten geprägt hatte. Hall hat ihre Vertreter als Sektenangehörige bezeichnet, die Einwände des jeweils anderen mit dem überheblichen Gestus, im Besitz der Wahrheit zu sein, rundheraus ablehnten. Nach seinen beispielhaften Experimenten war es kaum noch möglich, mit ungedeckten Schecks von unbewiesenen Spekulationen hausieren zu gehen. Die Erdgeschichte wurde dynamisch, der Gletscher plastisch, gesteuert von der Wirkung von Temperatur und Druck auf Gestein und Eis, und beweisbar in kontrollierten Versuchen.

Der Anhang bietet einen Überblick über die Wissenschaftler der *Grand Tour*, die das Eismeer bei Chamonix und den Vesuv besucht haben, über die Beiträge zu Wärme und Geologie in der *Bibliothèque britannique*, und eine Chronologie der Veröffentlichungen zu Feuer, Wärme, Eis, Gletscher und Lava, die in die Vorbereitungen dieses Essays eingeflossen sind.

Erster Teil: Grand Tour und Geologie in den Kriegen des Direktoriums

Genf: der gefährdete Mittelpunkt der Grand Tour 1798

Im Innern war die knapp 30 000 Einwohner zählende Stadt Genf keineswegs so aufgeschlossen, wie sie sich auf dem internationalen Parkett als Produzentin hochwertiger Feinmechanik und Textilien, als Ort des internationalen Zahlungsverkehrs und entwickelten Warenhandels, als attraktiven Ausbildungsplatz und Wissenschaftszentrum, als Vorbild in religiöser Toleranz und Refugium religiös Verfolgter präsentierte (Abbildung 1). Sie hatte den größten Teil ihrer Bewohner von jeder politischen Teilhabe ausgeschlossen. Das ganze 18. Jahrhundert hindurch gab es wiederkehrende Revolten, die politische Mitsprache einforderten, und

Abbildung 1: Plan von Genf 1794 des Marc-Aguste Pictet, 7 x 9 cm. Maßstab ca. 1:30 000. Bibliothèque de Genève, Centre d'iconographie genevoise CIG 39P 47, CIG 39P 47/2.

Abbildung 2: Französisches Propagandablatt. Der Freiheitsheld Wilhelm Tell und sein Sohn Walter mit durchschossenem Apfel erweisen der Französischen Republik die Ehre. Im Hintergrund die durch die Täler Graubündens einmarschierenden Truppen. Radierung um 1799. Schweizerisches Landesmuseum Zürich.

die von der herrschenden Oligarchie nur mit Hilfe von außen niedergeschlagen werden konnte, sei es mit der Hilfe Frankreichs 1738, sei es mit Hilfe einer Koalitionsarmee aus Franzosen, Sarden und Bernern 1782. Erst im Angesicht der Einkreisung durch Frankreich, des Terrors unter Robespierre und revolutionärer Unruhen in der Stadt gelang es 1794 der gemäßigten Bourgeoisie, zu der auch die zentrale Figur des wissenschaftlichen Austauschs, der Physikprofessor Marc-Auguste Pictet zählte, eine einigermaßen demokratische Verfassung durchzusetzen. Bürger konnte allerdings nur werden, wer protestantischen Glaubens war, und Frauen blieben ausgeschlossen.

Wie ein Damoklesschwert hingen die Expansionskriege Frankreichs über der Unabhängigkeit von Genf. Die Franzosen waren schon Anfang 1798 in der Schweiz einmarschiert und hatten am 12. April die Helvetische Republik ausrufen lassen (Abbildungen 2 und 3). Der üppige Staatsschatz Berns und Zürichs wanderte nach Paris zur Finanzierung des Ägyptenfeldzuges. Kontributionen, Zwangsanleihen zur Bezahlung des Solds der französischen Soldaten und der Raub großer Mengen Vieh aus der Innerschweiz, zusätzlich zu den immensen Kosten für den Unterhalt der französischen Truppen, stürzten weite Teile der Bevölkerung ins Elend[1]. Der Anwalt und Staatsrechtsprofessor und eingefleischte Republikaner Bernhard Friedrich Kuhn wurde der erste Präsident des Großen

Abbildung 3: Anton Dunker. Radierung 1799. Schweizerisches Landesmuseum Zürich LM – 39480. In der Karikatur transportieren französische Kommissare der Grande Nation den Staatsschatz von Zürich, und die Armée Helvétique unter General Masséna zusammen mit der Donauarmee unter General Jourdan Getreide aus Bern und Vieh aus der Innerschweiz ab.

Rates der Helvetischen Republik. Kuhn war Unitarier, gegen den hartnäckigen Föderalismus der Schweizer, vor allem aber Republikaner, der sich am 9. Januar 1800 an einem Staatsstreich gegen das Direktorium der Helvetischen Republik beteiligen wird. Sein *Versuch über den Mechanismus der Gletscher* von 1787 als Gründer der Naturforschenden Gesellschaft in Bern nahm viele spätere Erkenntnisse über die Bewegung von Gletschern durch faszinierend genaue eigene Beobachtungen und unter selbstverständlicher Berücksichtigung solcher der Bewohner der Gebirgstäler vorweg. Er berichtet z. B. von einem 14jährigen Ziegenhirten, der so pfiffig war, über viele Wochen täglich den Abstand der Eismassen zu einem Felsen zu messen, um so die Bewegung des Gletschers nachzuweisen. Im Nachtrag zu seiner Veröffentlichung, im Wesentlichen eine Diskussion der Ursachen für das Abschmelzen des Eises an der Unterseite der Gletscher anhand einer Rezension des Buches eines Dr. Plouquet, der ihre Bewegung nach zweistündigem Aufenthalt an einem Gletscher bestritt, wendet er sich wie der Herausgeber des Magazins, Höpfner, gegen »den immer mehr überhandnemmenden Unfug der Reisebeschreiber«, dem es »durch eine öffentliche Rüge zu steuern« gelte. Das Gleiten der Gletscher auf seiner angeschmolzenen Unterlage wurde von den Genfern Jean – André Deluc und Horace – Bénédict de Saussure auf die Einwirkung der Erdwärme zurückgeführt, während Kuhn wegen der jahreszeitlichen Schwankungen der Gletscherbewegung auf den überwiegenden Einfluss atmosphärischer Wärme tippte, die durch das Gestein fortgeleitet würde. Mit dem basalen Gleiten hat er eines der beiden Phänomene beschrieben, die für die Bewegung der Gletscher verantwortlich sind. Das zweite ist das plastische Fließen durch Kontraktion der Eiskristalle[2]. Kuhn war, wie so viele Naturwissenschaftler seiner Zeit, tief in ihre antifeudalen Zerreißproben verstrickt.

Fünf Tage nach Ausrufung der Helvetischen Republik, am 15. April 1798, war es dann auch für Genf vorbei mit der Unabhängigkeit. Es wurde von den Franzosen besetzt und der Vereinigungsvertrag im Schnellverfahren am 27. April ratifiziert. Für Genf unterzeichnete Pierre Prévost, einer der führenden Figuren der an hervorragenden Wissenschaftlern reichen Gemeinde Genfs. Er war Mitglied des Rates der Zweihundert, der die Geschicke Genfs bestimmte. Als Professor für Philosophie und, bei der Unterzeichnung des Vertrags, als Rektor der Universität, hatte er sich mit dem Gleichgewicht strahlender Körper beschäftigt und 1791 eine fast moderne Erklärung für das Experiment zur Wärme- und Kältestrahlung seines Kollegen Pictet gefunden. Seit kurzem war er Mitglied der 1791 gegründeten *Société de physique et d'histoire naturelle de Genève*. Die Gesellschaft traf sich zweiwöchentlich bei einem ihrer Mitglieder, zu der auch der Herausgeber der *Bibliothèque britannique* und Professor der Physik, Marc-Auguste Pictet, der Bibliothekar Jean Sénébier, ein eifriger Netzwerker und Übersetzer der Werke des italienischen Naturwissenschaftlers Lazzaro Spallanzani, der öffentliche Präsentator seines naturhistorischen Kabinetts, Guillaume-Antoine Deluc, und bis zu seiner Verbannung 1794, der spätere Arzt Gaspard de la Rive gehörten, und natürlich Horace-Bénédict de Saussure und dessen Sohn Nicolas-Théodore. Ihr ungekrönter König war Horace-Bénédict de Saussure, dessen *Voyages dans les Alpes* (1779–1796) seine Zeitgenossen zutiefst beeindruckt und zur Nachahmung angeregt hat: »Die Wissenschaft, die die Fakten sammelt, die allein als Basis für eine Theorie der Erde oder einer Geologie dienen können, das ist die physische Geographie oder die Beschreibung unseres Globus« (Vorwort). Die messende Feldforschung war geboren, und Saussure hat vorgemacht, was er darunter verstand. Selbst der Gipfel des Mont Blanc war vor seinen Messungen nicht sicher.

Pictet wird einer von 15 Mitgliedern der schon zwei Wochen vorher gegründeten *Société économique*, die die Güter und religiösen Einrichtungen der jetzt ehemaligen Genfer Republik eifersüchtig und wachsam gegenüber französischen Ansprüchen verwaltete. In ihr lebte die alte Republik der Oligarchen mitsamt ihren religiösen und wissenschaftlichen Institutionen unter französischer Herrschaft fort. Am 25. August wird Genf die Hauptstadt des neu geformten *Département* Léman mit Teilen von l'Ain, Faucigny und Chablais.

Damit war das vollzogen, was als Hintergrundgeräusch seit der Französischen Revolution trotz aller französischer Dementis und Schwüre auf die Unabhängigkeit Genfs ihre Verantwortlichen in permanente Unruhe versetzt hatte. Bonaparte, der spätere Napoleon höchstpersönlich, hatte noch am 21. November 1797, als er nach dem Frieden von Campo Formio in Genf vorbeischaute, seine Unabhängigkeit als geradezu selbstverständlich den hoffnungsvollen Würdenträgern verkündet. Bonaparte wusste wahrscheinlich, dass sich der von ihm weggeputschte Carnot in Genf versteckt hielt, dessen Akademieplatz er einnehmen wird, und er wusste sicher auch, dass seine Schwüre den Tageserfordernissen seiner Eroberungsstrategie geopfert werden würden. Die Annexion von Genf erfolgte nur fünf Monate nach seinem friedfertigen Auftritt. Ein erster Zwischenfall am 28. Dezember 1797 hatte in Genf die Alarmglocken läuten lassen. Französische Soldaten waren in der Nähe einer Zollstation unter dem Vorwand, dass die Einfuhr französischer Waren von den Zöllnern behindert werde, auf Genfer Territorium vorgedrungen, um Druck auf sie auszuüben. Die Genfer Wachen eröffneten das Feuer. Es kam zu einer kurzen Schießerei.

Der Gesandte Frankreichs in Genf, Félix Desportes, hatte schon aus seiner ersten Gesandtschaft ausgezeichnete Beziehungen zu den wissenschaftlichen Größen Genfs. In zwei Briefen an Pictet aus Paris, am 28. Dezember 1795 und am 30. Januar 1796, beschrieb er, wie er dessen neues Wissenschafts- und Literaturmagazin mit Übersetzung englischer Texte, die *Bibliothèque britannique*, an französische Wissenschaftler und den direktorialen Apparat verteilte und Werbung für sie machte[3]. Er residierte in St. Jean in einem angenehmen Haus auf einem Felsen 300 m über der Rhone, wo er die seit der Revolution verlassenen und verfallenden Ausländervillen sehen konnte. Und er konnte vielleicht sehen, dass in Genf und Umgebung zur Holzersparnis bereits mehr als 250 Kamine nach Graf Rumford installiert waren, dem begnadeten Experimentator zur Erhellung der Natur der Wärme[4].

Karol Fryderyk Wojda (1771–1846), ein polnischer Offizier in französischen Diensten, war im April 1798 als Zivilperson in Genf, als es drunter und drüber ging, und er machte klar, dass Genf durch Handelssperren, Verweigerung von Pässen und direkter militärischer Gewalt gezwungen worden war, sich quasi zu ergeben. Es war seit Jahren systematisch stranguliert, immer wieder bedroht und vom Gesandten Desportes in zahllosen Äußerungen genötigt worden, sich endlich der *Grande Nation* anzuschließen. Hunderte von Fabrikanten gingen müßig, sagte Wojda, und verzehrten den früheren Reichtum[5]. Desportes hat die Annexion gegenüber Paris als freudige Unterwerfung dargestellt. Das war eine glatte Lüge. Der feierliche Akt der Übergabe nach dem Augenzeugen Wojda wurde von den Genfern »mit jener dumpfen Stille begleitet, die man gewöhnlich bei Leichenbegräbnissen zu beobachten pflegt«[6].

Dann nahm Wodja denselben Weg über Chambery und den Mont Cenis in das am Vorabend der Parthenopäischen Republik aufgewühlte Turin, den Pictet mit Saussure auf ihrer Italienreise 1780 genommen haben und der längst zu einem wohl organisierten Trampelpfad für die Träger und Mulis der Touristen aus der britischen Aristokratie geworden war. Romantiker wie Coleridge und Wordsworth gingen zu Fuß. Auch Saussure und Pictet gingen zu Fuß, aus wissenschaftlichen Gründen, aber nur über den Berg. Ihre zerlegte Karosse folgte auf fünf Mulis nach. Von Genf nach Turin haben sie vier Tage gebraucht und beim Besuch der Universität die erbärmlichen physikalischen Instrumente gesehen.

Der britische *Upperclass*-Tourismus nach Italien war bereits gut durchorganisiert, was im Reiseführer der englischen Schriftstellerin Mariana Starke von 1802 nachgelesen werden kann, der knifflige Passangelegenheiten und für alle in Frage kommenden Orte Hotels und Wohnungen, Preise für Transport, Zeiten für Abgang und Ankunft von Briefpost, bevorzugte Routen einschließlich einer Besteigung des Vesuv und der Beschreibung eines Ausbruchs, gute Ärzte, Vorschläge für Invalide und vertrauenswürdige Banken und Vieles mehr enthielt. Ein früher Baedeker, zusätzlich mit Reisereportagen und einem hilfreichen Überblick über die politische und militärische Lage im Flickenteppich Italien, die das Reisen inzwischen zu einem gefährlichen Abenteuer mit ungewissem Ausgang gemacht hatte[7]. Eine von Starkes besten Beschreibungen ist der Weg über den Mont Cenis, bei dem der von sechs Pferden gezogene Wagen völlig zerlegt und auf Mulis über den Berg transportiert wurde. Jede der vier Personen wurde je nach Gewicht von sechs bis acht Trägern auf einem geschlossenen Sitzstuhl transportiert. Ein offener hätte nur

Abbildung 4: William Turner. The passage of Mount Cenis. Snowstorm 15. Januar 1820. Aquarell auf Papier. 29,2 x 40 cm. Birmingham Museum and Art Gallery. Wikiart.org.

vier Träger gebraucht (Abbildung 4). Mit einer weiteren Familie, die sich Ihnen auf ihrem Aufstieg anschloss, bestand die Karawane aus 55 Personen. In Genf residierten sie natürlich im *Hôtel d'Angleterre* in Séchéron etwas außerhalb der Altstadt von Genf, dem ehemaligen *Logis neuf* und der späteren *Auberge de Sechéron*. Seine Besitzer Antoine-Jérémie und Jean-Jacques Dejean organisierten für ihre Klientel eine Postkutschenlinie von Calais über Paris nach Genf, die auch Alexander von Humboldt für den pfleglichen Transport der in Genf für seine geplante Reise bestellten wissenschaftlichen Geräte nach Paris vorgesehen hatte. Die Reise mit eigener Karosse war teuer, die Postkutsche deutlich billiger, und sie hatte den Vorteil größerer Unabhängigkeit, wie Wojda bemerkte.

Die Annexion von Genf hat den britischen Touristen ihre beliebteste Zwischenstation für ihre Italienreise und ihren Zöglingen ein Zentrum gepflegter Ausbildung in den Wissenschaften und einer Unterweisung in der christlichen Moral einer für richtig gehaltenen Religion genommen. Zahlreiche Häuser, die keine aristokratischen Mieter samt Entourage mehr fanden, verfielen in der Zeit der napoleonischen Kriege. Ökonomisch war das französische Intermezzo für Genf ein Desaster, das auch die Uhren- und Textilindustrie ruinierte. Viele, für deren Vorfahren Genf einst ein Zufluchtsort vor religiöser Verfolgung gewesen war, emigrierten jetzt aus wirtschaftlichen und politischen Gründen.

In Kriegszeiten unterwegs: Humboldt, Lord Bristol, Ägypten und darüber hinaus

Alexander von Humboldt war zum Zeitpunkt der Annexion von Genf und der Ausrufung der Helvetischen Republik in Salzburg und haderte mit der Unmöglichkeit, seine Reisepläne zu verwirklichen. Er war nicht der einzige, den es kalt erwischt hatte, aber bei ihm, dem geophysikalischen Feldforscher *par excellence* und seinem ins Auge gefassten Reisebegleiter Lord Bristol sind die prägenden Elemente wissenschaftlicher Unternehmungen und der *Grand Tour* eng verwoben, in der die aus den Fugen geratene Welt mit ihren überraschenden Wendungen federführend geworden ist, kleinliche Schikanen und tödliche Bedrohungen inbegriffen.

Am 3. April 1798 schrieb Humboldt an Pictet in Genf, dass alle seine vorherigen Briefe wegen »*troubles de la Suisse*« zurückgekommen seien, und »*les troubles d'Italie*« hätten seine Reisepläne für Neapel gekippt[8]. Statt dessen habe er Reisepläne für Ägypten und plane, im August nach Rosette aufzubrechen, Genf zu passieren, die bestellten Instrumente des Monsieur Paul mitzunehmen und sich mit dem anglikanischen Bischof von Derry, Lord Bristol (Frederick Augustus Hervey, 4th Earl of Bristol 1730–1803) in Livorno zusammenzutun, der in seinem Trupp Maler, Bildhauer und Bewaffnete habe. »In allerhöchsten Grad ein Phantast«, sagte Humboldt von dem selbst für britische Peers ungewöhnlich reichen und reisefreudigen Bischof und *Chief Secretary of Ireland,* der zweithöchsten Position in der britischen Verwaltungshierarchie Irlands. Im Juni 1799 wollte er zurück sein und im Januar 1800 nach Indien aufbrechen.

In einem Brief vom 1. Februar 1798 an den Naturkundler Blumenbach in Göttingen mokierte sich der Astronom Zach über Humboldts weithin bekannten Reisebegleiter und nannte den anglikanischen Bischof einen »ewigen Juden«, in Anspielung auf den zur ewigen Wanderung verdammten Ahasver, der Jesus auf seinem Weg zum Kreuz verspottet haben soll[9]. Aber der Lord hatte diese Etikette, wie viele andere auch, die man ihm im Laufe seines Lebens angehängt hat, nicht verdient, so die eines »englischen Casanova«, nur weil er mit der Frau des englischen

Botschafters in Neapel, Emma Hamilton, geschlafen haben soll. Gemessen an den rigiden Vorstellungen der anglikanischen Staatskirche, war er allerdings ein Freigeist, erlaubte den Katholiken in Irland, im Freien ihre Messen zu lesen und kämpfte für die Abschaffung von Diskriminierungsgesetzen anderer Religionen und gegen ein Steuersystem, das nicht anglikanischen Religionen den Kirchenzehnten abverlangte. Er hatte sich 1779 den *Irish Volonteers* angeschlossen, einer Art Bürgerwehr, die bald von irischen Nationalisten unterwandert war, und weil er öffentlich eine Rebellion befürwortet haben soll, war er nur knapp einer Verfolgung wegen Anstiftung zum Aufruhr entgangen. 1782 war er nach einer geologischen Explorationsreise mit dem Universalgelehrten Alberto Fortis in Dalmatien Mitglied der *Royal Society of London* geworden[10]. Lord Bristol war der Namensgeber für die zahlreichen Hotels Bristol, die sich wie an einer Kette aufgereiht entlang der Reiseroute der britischen Aristokratie etabliert haben.

Alexander von Humboldt wusste um die naturwissenschaftlichen Neigungen Lord Bristols, die er mit vielen Reisenden der britischen Aristokratie gemeinsam hatte und die man, mit einem Thermometer bewaffnet, dabei beobachten konnte, wie sie die Temperatur austretender Lava maßen, kühn über halb erstarrte Lava und gefährliches Eismeer gingen, Mineralien sammelten und ihre Beobachtungen und Erlebnisse schriftlich niederlegten. Lord Bristol verbindet z. B. der von ihm beobachtete Meteoritenschwarm von Siena 1794 mit dem Präsidenten der *Royal Society* Joseph Banks, mit dem britischen Botschafter in Neapel William Hamilton und einigen italienischen Wissenschaftlern, auch mit Guglielmo Thomson, dem aus Oxford entflohenen Arzt in Neapel, der mit seinem Kollegen und späteren Mineralogen und Metallurgen Andrea Maria Savaresi (1762–1810) den Krater des Vesuv untersucht hat und zu einem ständigen Beobachter seiner Eruptionen und Sammler seiner Mineralien geworden war[11].

Es war ein wissenschaftlicher Tourismus, der die Kunst sammelnden Lords zumindest zeitweise voll beschäftigte und sie in engen Kontakt zur wissenschaftlichen Elite Italiens brachte. Lord Bristols geologische Interessen hatten ihn in den 70er Jahren zu den Basaltformationen von Istrien und Dalmatien geführt, die er mit den Basaltsäulen des *Giant's Causeway* an der Spitze Nordirlands und denen der Insel *Staffa* vor der Küste Westschottlands verglich. Sie waren von dem aus Belluno stammenden Antonio di Bittio (1722–1797) gezeichnet worden, der ihn auch auf der Tour nach Dalmatien begleitete.

Weitere Reisegefährten waren Michael Shanahan (1731–1811), ein Steinmetz aus Cork, der für Bristol Brücken und Gebäude in Italien zeichnete und 11 Jahre lang als Architekt auf seinem Besitz in Downhill/Derry tätig war und für ihn Gebäude in frei phantasiertem italienischen Stil errichtete. Der Wissenschaftler des Unternehmens war der Augustiner *Abbate* Alberto Fortis (1741–1803), der von der Reise einen europaweit beachteten geologischen und landschaftskundlichen Bericht in der Form von Briefen an internationale Kollegen und Förderer veröffentlicht hat[12]. Die Adressaten in Fortis' Buch lesen sich wie eine idealtypische Zusammensetzung für eine *Grand Tour* mit wissenschaftlichem Anspruch. Britische Adlige finanzierten mittellose italienische Forschungsreisende und italienische Universitäten öffneten ihre Naturalienkabinette den interessierten Blicken ihrer Förderer:

Lord Bristol, mit dem Fortis unterwegs gewesen war, wurde 1771 zu seinem Financier. Auch der Adressat John Stuart, 3rd Earl of Bute (1713–1792) hat Reisen für Fortis finanziert, während der Professor für moderne Geschichte in Cambridge, John Symonds (1729–1807), selbst mehrere Beiträge zur Landwirtschaft in Italien in Arthur Young's *Annals of Agriculture* veröffentlicht hat. Giacomo Morosini aus altem venezianischen Dogenadel glänzte mit einer von Generationen zusammengetragenen mineralogischen Sammlung in seinem venezianischen Palast. Fortis' wissenschaftliche Adressaten in Italien waren der Professor für Botanik in Padua Giovanni Marsili (1727–1795), der Professor für Naturgeschichte in Pavia *Abbate* Lazzaro Spallanzani (1729–1799) und der Astronom und Professor für Naturgeschichte in Bologna, *Abbate* Giovanni Angelo Brunelli (1722–1804), der als Mitglied des Demarkationskommitees zwischen 1753 und 1761 die Grenzen zwischen den spanischen und portugiesischen Besitzungen in Südamerika ausgemessen hatte und sich nach seiner Rückkehr mit Methoden des Kartoffelanbaus beschäftigte. Antonio Vallisneri (1708–1777) war Professor für Naturgeschichte in Padua und hatte die Naturaliensammlung seines gleichnamigen Vaters, eines berühmten Mediziners und Geologen, der Universität vermacht. Der schwedische Mineraloge Johann Jacob Ferber (1743–1790) schrieb die weit verbreiteten *Briefe aus Wälschland über natürliche Merkwürdigkeiten* (Prag 1773), die das wissenschaftliche Interesse an den Vulkanstrukturen Italiens geweckt hatten. Und Venedigs *British Resident* John Strange esq. (1732–1799) war wie Lord Bristol ein Bildersammler[13].

Wenige Tage vor seiner Abreise aus Salzburg am 25. April 1798 beschrieb Humboldt seine Ansicht über Lord Bristol und die Schwierigkeiten, seine Reise anzutreten, in einem Brief an Johann Carl Freiesleben (1174–1846), den Bergamtsassessor in Marienberg, den er beim Studium in Freiberg kennengelernt und mit dem er 1795 die Schweiz und Savoyen, auch Genf und das Tal von Chamonix, bereist hatte:

»... Lord Bristol, ein alter Engländer mit 300 000 Thlr. Einkünften (ein Handwerksmeister zur Goethezeit verdiente 200 bis 600 Thaler im Jahr. H.V.), derselbe, der mit Fortis in Griechenland war, (halb toll, halb Genie), bietet mir an, mit ihm von Neapel aus nach Aegypten zu gehen. Er will sich im August einschiffen, hat ein eigenes Schiff, bewaffnete Leute, Maler, Bildhauer etc., Koch und Kellner bei sich. Er will bis Syene nach Oberägypten hinauf. Die Reise solle mir nichts kosten. Im Frühjahr 1799 sind wir über Konstantinopel und Wien zurück. So ein Anerbieten war nicht auszuschlagen. Ich sagte es ihm zu und war entschlossen, Paris Ende Juni zu verlassen, um Bristol am 1. August in Neapel zu treffen. Nun aber heisst es allgemein, die Franzosen wollen selbst sich in Besitz von Aegypten setzen. Bristol wird dann als Engländer nicht hin können, und ob es für mich sicher sein wird, kann ich erst in Paris, wohin ich morgen abgehe, entscheiden. So geht es mit unsern liebsten Planen ! Dennoch habe ich noch eine Hoffnung zu dieser ägyptischen Reise. Bleibt zwischen Frankreich und der Türkei Friede, so mache ich sie allein von Marseille aus. Ich hänge sehr daran, da ich mich so lange schon mit dieser Lieblingsidee trage, und es eine so schöne Anwendung meiner Zwischenzeit wäre«.[14]

Aber auch dieser Friede zwischen Frankreich und der Türkei war nicht mehr von langer Dauer. Er endete mit der Kriegserklärung des osmanischen Reiches an Frankreich am 9. September 1798. Der letzte Brief aus Salzburg am 19. April an Hofrath Eichstädt (Heinrich Karl E. 1771-1848) in Jena, Honorarprofessor der Philosophie an der Universsität Jena und Mitredakteur der *Jenaer Allgemeinen Literaturzeitung*, zu der auch Humboldt Beiträge lieferte, zeigt, dass er immer noch hoffte, den Orient zu erreichen, aber seine »westindische Reise« aufschieben musste. Der Atlantik war inzwischen zum Eldorado staatlich organisierter Kaperei geworden und Humboldts humanistischer Kern durch die alles zertrampelnden Eroberungen des Direktoriums schwer verletzt:

»Im Begriff übermorgen von hier aus meinem Bruder nach Paris zu folgen, erlauben Sie wol, dass ich mein Andenken noch einmal bei Ihnen erneuere. Fast fünf Monate habe ich hier in arbeitsamer Einsamkeit verlebt, da ich oft in einer Woche zweimal im Begriff war nach Italien abzugehen. Die politische Wendung der Dinge ist aber so geworden, dass für jetzt die Alpen nicht zu passiren sind. Ich denke jetzt einige Sommermonate in Paris und (da der leidige, alles störende Seekrieg meine westindische Reise aufzuschieben gebietet) den Winter im Orient zuzubringen. Alle Anstalten zu dieser levantischen Reise sind gemacht, — aber schon höre ich von allen Seiten von einer Landung in Aegypten, die meinen Zweck entweder sehr befördern oder ganz vereiteln wird. Ich will mich gern überreden, dass alles, was jetzt geschieht, einst den Flor der Wissenschaften befördern wird. Ich selbst aber fühle mich in allem Thun so gehindert, dass ich täglich ein vierzig Jahre früher oder später gelebt zu haben wünsche. Eine traurige, der Menschenbildung nachtheilige Einförmigkeit wird über den ganzen Erdboden verbreitet. Völker, deren physische und moralische Lage gewiss ein Bedürfnis nach sehr verschiedenartigen Regierungsformen erregen sollte, müssen von einem Directorium und zwei Rathen beherrscht werden, und die republikanischen Dragonaden sind ebenso empörend als die religiösen. Nur Eine Wohlthat, die Ausrottung des Feudalsystems und aller aristokratischen Vorurtheile, unter denen die ärmere und edlere Menschenklasse so lange geschmachtet, wird schon gegenwärtig genossen, und dieser Genuss wird bleiben, wenn auch monarchische Verfassungen wieder ebenso allgemein werden, als es die republikanischen zu werden scheinen. Unter den mannichfaltigen, meist wehmüthigen Empfindungen, welche die Begebenheiten des sinkenden Jahrhunderts in mir erregen, glaube ich meinen Zwecken getreu geblieben zu sein. Ich war anhaltend nie so fleissig und glücklich im Experimentiren als hier. Ich habe fünf Monate lang täglich den Luftkreis untersucht, und hoffe die Resultate dieser mühseligen Arbeit in Paris, also ehe ich mich einschiffe, auszuarbeiten. Auch mit dem Sextanten, für den Sie sich in Ihrem blühenden Garten einst interessirten, habe ich viele Punkte astronomisch bestimmt, wie Sie vielleicht in Zach's Journal gelesen haben ...«[15].

Der Grund für die Aufgabe der Reise nach Italien war also nicht die fast zeitgleiche Inhaftierung Lord Bristols, von der er noch nicht wissen konnte, sondern die unsicheren politischen Verhältnisse in Italien, die einen Gang über die Alpen unmöglich machten. Gründe für Humboldt, nicht nach Westindien, in die Karibik zu reisen, hätte es schon seit 1791 gegeben, als sich in der französischen Kolonie Saint Dominque in der Folge der Revolution die Sklaven erhoben hatten, der Beginn der haitianischen Revolution. Aber jetzt war dieser antikoloniale Krieg überlagert von zunehmendem kriegerischen Getöse zwischen Frankreich und den noch jungen Vereinigten Staaten, nachdem französische Kaperschiffe der amerikanischen Handelsmarine allein 1797 über 300 Handelsschiffe weggenommen hatten und eine dreiköpfige amerikanische Delegation in Paris zur Beilegung des Konflikts unter ehemaligen Verbündeten demonstrativ ignoriert wurde. Sie wollten nur verhandeln, wenn die USA 50 000 Pfund Sterling bezahlten und ein 12-Millionen-Dollar-Darlehen gewährten, sowie 250 000 Dollar als Bestechungsgeld für den französischen Außenminister Tayllerand. Außerdem verlangten sie eine Entschuldigung des amerikanischen Präsidenten John Adams für antifranzösische Äußerungen. Die Amerikaner waren zutiefst empört. Am 7. Juli 1798 annullierte der amerikanische Kongress alle Verträge mit Frankreich und verhängte ein Embargo für französische Produkte. John Adams unterstützte nun die Rebellion der Haitianer gegen die französischen Kolonisatoren und befahl der noch sehr kleinen Marine, sich vor der Südostküste der USA und in der Karibik französischer Schiffe zu bemächtigen. Die Amerikaner rüsteten auf – die Geburt der US Kriegsmarine. Für Reisende, die den Atlantik überqueren wollten, waren das keine guten Aussichten.

Am 22. April brach Humboldt von Berchtesgaden über Straßburg nach Paris auf, um sich für seine seit November 1797 in Salzburg geplante Reise nach Ägypten noch Instrumente zu besorgen und auf die angeforderten aus Genf zu warten. Sein Begleiter in Salzburg und Berchtesgaden, der Geologe Leopold von Buch, ging nach Venedig mitten hinein in die letzten Züge der einstmals stolzen Republik. Am 14. Mai wurde es von Bonapartes Truppen besetzt. Lord Bristol, den Humboldt begleiten sollte, war nur wenige Wochen zuvor von den Franzosen auf dem Weg von Venedig nach Neapel in der Nähe von Bologna in einer Poststation verhaftet und bald darauf in der Zitadelle der Hauptstadt der cisalpinischen Republik Mailand festgesetzt worden.

Den Vorwurf, der zur Festnahme führte, referierte das *Journal de Francfort* vom 28. April nach einer Meldung aus dem Hauptquartier der *l'Armée d'Italie* in Ferrara vom 2. April, die vorher schon im *Rédacteur* erschienen war. Milord Bristol habe sich seit einigen Wochen unter dem Vorwand, krank zu sein, in der Poststation al Tedo zwischen Ferrara und Bologna aufgehalten. »Ein Kommen und Gehen machten ihn verdächtig«. Der Ortskommandant von Bologna, Rousselet habe auf Befehl von General Guieu (Divisionsgeneral Jean-Joseph Guieu, auch Guieux, 1758–1817) eine Hausdurchsuchung vorgenommen und zwei Reisekoffer voll verdächtiger Papiere entdeckt, Schmähschriften gegen die französische

Nation, seine Regierung und ihre wichtigsten Verteidiger, Korrespondenzen mit Emigrierten, denen er viel mehr Gerechtigkeit widerfahren lasse als den Franzosen. Außerdem einen Plan des Kriegsschauplatzes in Italien und diplomatische Schriften gegen Frankreich und genaue Angaben zu den französischen Kräften in der Adria und den Îles de Levant (die ionischen Inseln, von 1797–98 und von 1807–08 als *Département* Mer-Égée französisch verwaltet H.V.) und ein Projekt der Invasion Mexikos durch die Emigrierten, sowie Proklamationen zur Wiedererrichtung der französischen Monarchie. Es folgte die Ankündigung, ihn vor ein Kriegsgericht zu stellen. Das *Journal de Francfort* vom 18. Mai bestätigte die Vorbereitung eines Prozesses vor dem Kriegsgericht in Mailand. Da wusste auch Humboldt Bescheid.

Man warf Lord Bristol also Spionagetätigkeit für England und die Vorbereitung eines konterrevolutionären Putsches mit Hilfe von Emigranten vor. Er hatte im November 1797 ein Schiff in Livorno gekauft, mit dem er auf dem Nil bis zu den Wasserfällen segeln wollte und sollte dabei angeblich Schiffs- und Militärbewegungen dem britischen Botschafter in Neapel, Sir William Hamilton, melden. Man konfiszierte auch seine zusammengekauften Kunstwerke in seiner Villa in Rom. Das alles nur, weil er eine Reise in die Levante gründlich vorbereitet hatte, um französischen Gebieten auszuweichen. Er konnte ja bei der Planung 1797 noch nicht wissen, dass 1798 Ägypten und alles, was damit zusammen hing, auf einmal zu einer geheimen Kommandosache der Franzosen geworden war und sicher geglaubte Routen mit dem Auftauchen schwer bewaffneter Fregatten zum Kriegsschauplatz mutierten. Die Inhaftierung des 58-Jährigen und wirklich schwer an Gicht erkrankten Lord Bistol beschäftigte die britische Aristokratie außerordentlich. Er war schließlich einer von ihnen, italienverrückt wie sie und hoch angesiedelt in der Hierarchie, in seinem Handeln zwar umstritten, aber diese Demütigungen, die man einem ihrer Mitglieder zugefügt hatte, empfanden viele als ungeheuerlich. Man tauschte brieflich die neuesten, sich oft widersprechenden Nachrichten aus, und sie wurde mit jeder Meldung vom Kriegsschauplatz Italien daran erinnert, dass die Annehmlichkeiten einer *Grand Tour* unter dem Damoklesschwert einer Verhaftung ungenießbar geworden waren. Und tatsächlich war die *Grand Tour* bis zum Sturz Napoleons nur noch in einigen wenigen Monaten nach dem Frieden von Amiens im März 1802 ohne das Risiko, zwischen die Fronten zu geraten, möglich.

Die Verhaftung und Enteignung Lord Bristols hatte in Rom eine beispiellose Solidarisierungskampagne von Künstlern ausgelöst. Am 25.

April 1798 meldete die *Neueste Weltkunde,* in »einem öffentlichen Blatte« forderten »343 französische, flämische, savoyische, römische, neapolitanische, venetianische, tyrolische, russische, teutsche, irländische und schottische Künstler« die Aufhebung der Beschlagnahmung der Effekten des »Grafen von Bristol«, weil seine »großmüthige Kunstliebe« den »Schutz der französischen Nation« verdiene. Der Aufruf richtete sich an Haller (Emmanuel de Haller 1745 bis ca. 1820), den Kommissar und Schatzmeister der französischen Armee in Italien, der als die treibende Kraft der hemmungslosen Plünderung Roms selbst vor ein Kriegsgericht gestellt werden sollte, was aber wegen seines umfangreichen Wissens um dunkle Machenschaften in der Armee von Bonaparte unterlassen wurde. Emmanuel de Haller war der missratene Sohn des moralisch äußerst gestrengen Anatomen und Naturwissenschaftlers Albrecht von Haller, der mit seinen Alpengedichten von 1729 einer der Auslöser für den romantischen Bergtourismus gewesen war. Ein Ausschnitt:

Hat nun die müde Welt sich in den Frost begraben,
Der Berge Täler Eis, die Spitzen Schnee bedeckt,
Ruht das erschöpfte Feld nun aus für neue Gaben,
Weil ein kristallner Damm der Flüsse Lauf versteckt…

Eine psychologische Studie Lord Bristols in seiner luxuriösen Bleibe auf dem Monte Pincio, einem der sieben Hügel von Rom, beschrieb den Bischof als »raffinirten Lebens-Genüßling«, der die Franzosen hasste, nicht an Gott glaubte und nicht mit den Kardinälen von Rom speisen wollte, aber über seinen Bankier in Neapel, den dänischen Konsul Heigelin, jährlich wohl einige tausend Thaler an Hilfsbedürftige auszahlen ließ. Der Verfasser der Studie, der Schriftsteller Karl Friedrich Benkowitz, sagt auch, dass die Kunstsammlung Lord Bristols konfisziert wurde, nachdem Berthier am 10. Februar 1798 in Rom einmarschiert war, möglicherweise also schon vor seiner Verhaftung[16]. Lord Bristol ließ sich von Elisabeth Vigée le Brun (1755–1842), der ehemaligen Hofmalerin von Marie-Antoinette und Emigrantin in Italien, mit dem rauchenden Vesuv im Hintergrund portraitieren, den er bei seinen vielen Besuchen fast täglich bestiegen haben soll. Sie wurde als die Malerin der reisenden britischen Oberschicht 1807 in Genf Ehrenmitglied der *Société pour l'Avancement des Beaux-Arts,* der Gesellschaft zur Förderung der schönen Künste.

Über die Freilassung Lord Bristols knapp ein Jahr später kursierten die wildesten Gerüchte, die ein Schlaglicht auf die verworrene Nachrichtenlage während der Gefechte zwischen französischen, österreichischen und russischen Truppen im zweiten Koalitionskrieg in Norditalien werfen und auf die verzweifelten Versuche, sich ein korrektes Bild zu verschaffen. Eine Version aus der Gerüchteküche lautete, Lord Bristol sei im Februar 1799 aus dem Castello Sforzesco, der Zitadelle von Mailand am Rande der Altstadt, entlassen worden. Kommandant der Festung war der in Genf geborene General Pierre-Augustin Hullin, der einige Wochen vorher einige Ausländer beim Versuch, Lord Bristol zu befreien, hatte verhaften lassen[17]. Lady Holland, die energische Salonière eines Whig Politikers in London und in Europa weit herum gekommen und die den »schrecklichen, verruchten alten Kauz« Lord Bristol offensichtlich nicht mochte, meinte zu wissen, dass beim missglückten Fluchtversuch einige Involvierte auf der Stelle erschossen worden waren. Sie unterstellte Lord Bristol eine unnötige und feige Gefährdung derjenigen, die ihn befreien sollten: »That abominable, wicked old fellow, Lord Bristol, is still kept prisoner at Milan. I believe, even in his confinement, he has contrived to make some miserable. He bribed his guards to let him escape, and when the moment was ripe for flight, he was unable to move, and several who were involved in his scheme were instantly shot upon being detected«[18]. *The Observer from London* ging am 17. März von einer gelungenen Flucht nach Verona aus.

Legt man den Kriegsverlauf zugrunde, scheint der Februar 1799 für eine Entlassung als nicht plausibel. Denn der russische Felmarschall Alexander Souvorov hatte Mailand, den Sitz der cisalpinischen Regierung, erst am 30. April 1799 mit einer gemischt russisch-österreichischen Truppe besetzt. Die Zitadelle, in der Bristol gefangen gehalten wurde, kapitulierte am 23. Mai. Das *Journal de Francfort* wusste jedoch bereits am 15. April von seiner Freilassung »auf Gesuch einer fremden Macht«. Lord Bristol selbst bezeichnete den Sieger in der Schlacht von Magnano am 27. April 1797, den österreichischen General Paul Kray von Krajowa, als seinen Befreier und wollte ihm zu Ehren in Mailand eine Säule errichten lassen mit Bildnis und der Inschrift »Ueberwinder der unüberwindlichen Nation«[19].

Allerdings spricht das ominöse »Gesuch einer fremden Macht« für einen diplomatischen Akt vor der Kapitulation der Zitadelle, in den der französische Botschafter Charles-Joseph Trouvé involviert gewesen sein könnte, und für einen Handel, bei dem eventuell Geld geflossen ist. In einer Art Rechtfertigungsschreiben vom 5. Juli 1798 an das Mitglied im Direktorium, Larevellière-Lépeaux geißelt Trouvé die Gefangennahme und die Korruption bei der versuchten Flucht dieses *vieilliard*, des alten Lord Bristol, als ein typisches Beispiel des gefährlich falschen Umgangs der französischen Ortskommandanten mit ihren wirklichen oder vermeintlichen Gegnern. Dieses Schreiben ist eine einzige Klage über das raffgierige und korrupte Verhalten der französischen Besatzungsmacht in Norditalien[20], zu Papier gebracht von einem Franzosen. Alexander von Humboldt lag völlig richtig mit seiner Einschätzung, Italien zu meiden. Nun sollte es eine Weltreise mit dem ersten französischen Weltumsegler von 1766 bis 1769, Louis Antoine de Bougainville, werden. Aber auch daraus wurde nichts, denn Bonaparte war mitten in den Vorbereitungen zu seiner Ägypteninvasion.

Am 19. Mai 1798 war der berühmte Geologe und ehemalige hohe Offizier des Malteserordens, Déodat Gratet de Dolomieu (1750–1801) als Mitglied der *Commission des sciences et des arts* nominiert worden, die unter strenger Geheimhaltung zusammen mit einer Invasionsarmee von vierzigtausend Mann und zehntausend Seeleuten auf vierhundert Schiffen von Toulon, Marseille, Genua, Ajjacio und Civitavecchia unter dem Kommando Bonapartes nach Ägypten auslaufen sollte. Dolomieu hatte eigentlich vorgehabt, nach Galatia im heutigen Anatolien aufzubrechen[21].

Diese ad hoc Kommission aus 167 Fachleuten aus allen Bereichen der Wissenschaft war erst am 16. März 1798 vom Direktorium unter Führung Bonapartes ins Leben gerufen worden und wurde wie ein militärisches Corps geführt. Das gelegentlich nur als ägyptisches Abenteuer oder Expedition apostrophierte Unternehmen verfolgte eindeutig militärstrategische Ziele. Das Direktorium wollte England den Weg nach Indien abschneiden und sich im Nahen Osten festsetzen. Das wissenschaftliche Corps war Mittel zu diesem Zweck, und eines seiner wichtigsten Aufgaben wird es sein, den vermuteten alten Kanal der Pharaonen aufzufinden für das Projekt einer schiffbaren Verbindung zwischen Rotem Meer und Mittelmeer. Vom Direktorium wurden vielfältige Anstrengungen unternommen, die wahren Ziele und die Wege dorthin geheim zu halten. Humboldt war noch vergleichsweise gut mit Informanten versorgt, aber sie zeichneten vom Fortgang des Geschehens ein verworrenes Bild.

Am 25. März schrieb ihm nach Salzburg der Schweriner Sanitätsrat Dr. Grapengiester aus Rom, Dolomieu habe den Befehl erhalten, sich mit zwei Schülern der *École des mines* nach Bordeaux zu begeben, um sich von dort nach Amerika einzuschiffen, »die Reise geht entweder nach Peru, oder nach Mexiko; das wissen sie selbst noch nicht«[22]. Die Nebelwerfer des Direktoriums hatten schon ganze Arbeit geleistet.

Die britische Regierung erfuhr erst am 13. Juni, fast zeitgleich mit der Nachricht über den von Frankreich inszenierten Republikanischen Staatsstreich in der Batavischen Republik (Holland), dass Bonapartes Flotte nicht nach Irland zur Unterstützung der Rebellion und auch nicht nach Portugal zur Unterbindung des britischen Handels mit den »West and East Indies«, sondern nach Ägypten ausgelaufen war, und zwar durch eine Indiskretion, die Faujas de Saint-Fond nach einer Studie von John Keegan in Frankfurt begangen haben soll[23]. Der Geologe Faujas de Saint-Fond war am 21. Mai 1798 in Frankfurt eingetroffen und sehr wahrscheinlich als Spion in Deutschland unterwegs[24]. Keegan spricht von geschwätzigen Wissenschaftlern, und Faujas war nicht der einzige und vor allem nicht der erste, der seinen Mund nicht halten konnte oder wollte. Der französische Mathematiker und Astronom Jérôme Lalande hatte schon Ende April an Zach geschrieben, dass 160 Wissenschaftler für eine geheimnisvolle Expedition vorgesehen seien. Der Astronom Johann Karl Burckhardt nannte in einem Brief aus Paris sogar Namen[25]. Allerdings kannten beide noch nicht das Ziel. Das *Journal de Francfort* vom 26. April wusste da schon mehr, berichtete von den Vorbereitungen in Toulon und zitierte zwei Stellungnahmen, die den Sinn und Zweck einer Expedition nach Ägypten als sehr vorteilhaft für Frankreich und den Kommerz beschreiben.

Humboldt im abgelegenen Salzburg war erstaunlich früh informiert, aber von wem? Möglicherweise stützte er sich auf eine Notiz in der *Neueste Weltkunde* vom 9. April, der wichtigsten und relativ auflagenstarken Informationsquelle für deutsche Intellektuelle, in der Ägypten als Ziel benannt wird und die von 19 Künstlern und Wissenschaftlern wissen will, die mit von der Partie sein sollen und deshalb bereits, nur zwei Wochen nach dem geheim gehaltenen Beschluss des Direktoriums, »in Requisition gesetzt« worden seien. Nach einer Meldung vom 27. April musste die Regierung jetzt aktiv gegen das angebliche Gerücht einer Unternehmung nach Ägypten vorgehen und betonen, die Flotte sei für Cadiz vorgesehen[26].

Danach widersprechen sich die Meldungen erneut. Obwohl alles darauf hindeutete, dass eine große Truppenansammlung in Toulon im Gange war, dass in Genua, Ancona, Civitavecchia und anderen Häfen weitere Schiffe bereit lagen, wurde am 17. Mai von den Redakteuren des *Journal de Francfort* immer noch darüber spekuliert, ob sich die gesamte Flotte aus vierhundert Schiffen nicht nach England aufmachen wolle und ob Bonaparte, der wenige Tage später in Toulon eintreffen wird, zur Unterzeichnung eines niemals zustande gekommenen Friedensvertrages nach Rastatt kommen würde. Am 18. Mai berichteten die Redakteure des *Journal de Francfort* über die zehn Tage vorher in London immer noch vorherrschende Meinung, dass es wahrscheinlich um die Deblockade von Cadiz gehe, dass das Ziel Irland sei oder auch das Schwarze Meer, um von dort aus die Polen zu unterstützen.

Die *Neueste Weltkunde* vom 9. Juli fasste das vorangegangene Verwirrspiel als bewusste Strategie der Vertuschung auf, die von französischer Seite in Szene gesetzt wurde und Admiral Nelsons Flotte auf der Suche nach Bonapartes Armada ein über das andere Mal nach Westen statt nach Osten schickte. So fuhr ein französischer Konvoi von Genua nach Toulon, wieder nach Genua und zurück nach Toulon, was den Eindruck einer Sammlung von Schiffen in Toulon erweckte, obwohl diese längst abgefahren waren. Am 13. Juni, als London und damit noch längst nicht Nelson bei seiner soeben beendeten Blockade einer vermeintlichen Flotte in Toulon, vom Ziel Ägypten erfuhr, waren die französischen Schiffe bereits östlich von Korsika und an Sardinien vorbei und am 10. Juni auf Malta gelandet. Am 16. Juni wurde Nelsons Flotte vor Neapel gesichtet. Bonaparte war bis 17. Juni auf Malta.

Am 30. Juni hatte Bonapartes Flotte Alexandria erreicht, nachdem sie am 11. Juni das von den Maltesern regierte und sich für neutral erklärende Malta in einer konzertierten Landungsaktion eingenommen und 4 000, nach anderen Angaben 2 000 Mann als Besatzung in Valetta zurückgelassen hatten. Die Rolle, die der ehemalige hochrangige Offizier des Malteserordens und Geologe Dolomieu dabei spielte, wird ihm später zum Verhängnis werden. Bonaparte hatte ihn quasi gezwungen, Übergabeverhandlungen mit dem Großmeister von Malta, Ferdinand von Hompesch, zu führen, aber die Besetzung begann schon, während Dolomieu verhandelte. Der Verrat Bonapartes wurde ihm zur Last gelegt. Der Malteserorden musste auf alle Rechte verzichten und gehörte als Territorialmacht der Vergangenheit an.

Bereits am 20. August wurde nach französischem Muster und noch ohne jede Kenntnis des besetzten Landes in Kairo ein *Institut de L'Egypte* mit den vier Sektionen Mathematik, Physik, politische Ökonomie, Literatur und Künste gegründet. Präsident Gaspard Monge, Vizepräsident Bonaparte, Joseph Fourier Sekretär. Im Vorwort der *Description de l'Egypte* hat Fourier ideologisch überhöht beschrieben, was Ziel und Zweck der wissenschaftlichen Exploration Ägyptens sein sollte, »an den Ufern des Nils die so lange verbannten Wissenschaften wieder aufleben zu lassen« und mit der Arroganz des Eroberers hinzugefügt: »Als Effekt dieses klugen Vorgehens, könnte Ägypten in kurzer Zeit nicht nur eine Kolonie, sondern gewissermaßen eine französische Provinz werden und seinen neuen Bewohnern ein Bild ihres eigenen Vaterlandes bieten«[27]. Alle Mitglieder des *Institut de l'Égypte* bekamen Uniformen nach dem Vorbild der *Académie des Sciences*.

Die Lage war nicht nur für diejenigen, die schon unterwegs waren oder Reisen und wissenschaftliche Exkursionen planten, völlig unübersichtlich, sondern auch für alle, die zu entscheiden hatten. Die britische Regierung konnte auf die Ereignisse im Mittelmeer nicht mehr angemessen reagieren. Aber sie ergriff Maßnahmen gegen die Batavische Republik direkt vor ihrer Haustüre. Die englische Marine im Verbund mit einigen russischen Schiffen versuchten, mit Überfällen an der holländischen Küste und Zerstörung der Schleusen im Hafen von Ostende den Handel nach Frankreich zu unterbinden.

Selbst die französische Regierung war von Informationen über den Verlauf der Ägyptenexpedition abgeschnitten. Kurierpost lief über Konstantinopel und Wien nach Paris. Die Nachricht von der Ankunft der französischen Flotte in Alexandria Ende Juni erreichte nach einer Meldung im *Journal politique de l'Europe* vom 7. September Konstantinopel wahrscheinlich am 23. Juli, Wien am 22. August und Paris am 3. September. Das, so nimmt die Zeitung an, wäre das früheste Datum, an dem Paris von der Landung der Flotte in Alexandria erfahren haben könnte. Diesen Postlauf auf die Niederlage bei Abukir angewandt, würde bedeuten, dass Paris von ihr erst Anfang Oktober erfahren hat. Außenminister Tayllerand stützte sich allerdings auf den französischen Konsul Jacques-Philippe Devoize in Tunis, wo die Beobachtungen der Korsaren (Seeräuber) zusammenliefen. Aber Korsaren gab es jeder Couleur und was sie berichteten oder unternahmen, gehorchte ihren eigenen Interessen. So wurde ein Postschiff, das am 1. Juli Toulon verlassen hatte, von einem englischen Korsaren aufgebracht und die gesamte Korrespondenz der letzten zehn Tage aus Paris ins Meer geworfen. Der französische Konsul Devoize unterhielt sehr gute Beziehungen zum Bey von Tunis. Diese änderten sich dramatisch, als Bonaparte im September Ägypten besetzte und die 600 Kaufleute von Tunis, die vom Handel mit Ägypten lebten, aufbegehrten. Die in Tunis ansässigen Franzosen mussten zu ihrer Sicherheit im Konsulat untergebracht werden[28].

Solche stark zeitversetzten Informationen konnten zu nicht adäquaten Gefühlsreaktionen und politischen Fehleinschätzungen Anlass geben. Als

Bonaparte Anfang 1799 in Syrien eingefallen war, ging am 20. Februar ein Kurier von Jerusalem ab, der erst am 19. Mai in Paris mit einem gut gelaunten Bericht über den erfolgreichen Vormarsch eingetroffen war[29]. Da hatte sich die Lage bei der Belagerung von Jaffa im März völlig verändert. Unter den Soldaten grassierte die Pest. Eine desolate und stark dezimierte Armee trat in den darauf folgenden Wochen den Rückzug an.

Als Humboldt mit seinem Begleiter Aimé Bonpland (1773–1858) und der Versicherung des Außenministers Tayllerand, ihm jede nur mögliche Erleichterung für seine Reise in den Orient zu verschaffen, Ende Oktober von Paris kommend in Marseille eingetroffen war und angesichts der undurchsichtigen Lage glücklicherweise vergeblich auf den schwedischen Kapitän wartete, der ihn nach Tunis übersetzen sollte, war die Situation nach der Niederlage bei der ägyptischen Hafenstadt Abukir 20 km nordöstlich von Alexandria am 2. August, bei der Admiral Nelson die französische Flotte vernichtete, der auf britischen und russischen Druck erfolgten Kriegserklärung des osmanischen Reiches an Frankreich vom 9. September und dem Aufstand der Bevölkerung in Kairo am 21. Oktober, bei dem die Franzosen mehr als 2000 Einwohner massakrierten, für Humboldt *de facto* noch verfahrener. Aber er wusste davon nichts und wartete in Marseille vergeblich auf Nachrichten, die ihm eine Entscheidung für seine Reisen erlauben würden.

Zur allgemeinen Unsicherheit trugen auch die leidigen Probleme mit den empfindlichen Messinstrumenten bei. In einem Brief aus Marseille an Pictet in Genf vom 7. November beklagte Humboldt ein zerbrochenes Thermometer, das zur Messung kochender Substanzen geeignet war, aber war ganz hingerissen von seinem Chronometer, der trotz schrecklicher Schläge der Kutsche zwischen Avignon und Marseille nur eine Abweichung von acht Sekunden aufzuweisen hatte. Berichte von wissenschaftlich Reisenden über zerbrochene Messinstrumente sind keineswegs selten. Sie waren ursprünglich für Experimente in geschützten Räumen konzipiert worden und die empfindlichen Gläser den ruppigen Straßen oder dem Transport auf Maultieren nicht gewachsen. Deshalb hatte Humboldt am 22. Juni noch von Paris aus Pictet gebeten, die gewünschten Instrumente für seine damals noch für September geplante Ägyptenreise nicht mit der *diligence* (Postkutsche), sondern mit einem *charretier* (Fuhrmann) wie Vicat, dem Kurier der Genfer Regierung, oder Dejean, dem Besitzer des *Hotel d'Angleterre* mit eigenem Fuhrunternehmen, nach Paris transportieren zu lassen. Er hatte sie im Dezember 1797 aus Salzburg bei Pictet bestellt und dabei auch von den »théories bizarres de Rumford, meilleure expérimentateur qu'esprit systématique« gesprochen, womit der stets gut informierte Humboldt wohl die theoretischen Schlüsse gegen den Wärmestoff meinte, die Graf Rumford aus seinen Versuchen zur Wärmeleitung in Flüssigkeiten und seinen jüngsten noch nicht veröffentlichten Wärme produzierenden Kanonenbohrversuchen ziehen wird. Er wolle vor dem Verlassen Europas unbedingt noch »die große Kraft« des Vesuv studieren[30]. Dort zählte er auch die Instrumente auf, die er mit sich führte: Barometer, Thermometer, Hygrometer nach Saussure und Deluc, Elektrometer nach Saussure zur Messung der Luftelektrizität, Eudiometer nach Fontana zur Quantifizierung der Luftbestandteile, Phosphornachweis nach Reboul, Natriumsulfatnachweis nach Morveau, eine Eigenkontruktion zur Messung der Kohlensäure in der Luft, einen Sextanten von Hadley, eine Uhr und ein kleines chemisches Labor mit Mikroskop, Salzen und Säuren, und ein »appareil pneumato-chimique«, ein Gerät zur chemischen Untersuchung der Luft. Was ihm noch fehlte, war ein »ébouilloir« von Nicolas Paul (1763–1806), das ist ein Hypsometer, um die Temperatur des kochenden Wassers auf unterschiedlichen Berghöhen zu messen und damit die Höhe über dem Meeresspiegel festzustellen. Außerdem brauchte er einen Magnetometer und einen Hygrometer. Er bat Pictet, ihm diese Instrumente, die den besonderen Stabilitätsanforderungen von Messungen in schwierigem Gelände genügen mussten, in Genf von Paul fertigen zu lassen und ihm bis Februar zu schicken. Zahlen wolle er durch Monsieur Claiss in Wintertur. Johann Sebastian Clais (1742–1809) war bayerischer Salinenoberkommissar und Inhaber des Salzhandelsmonopols zwischen Bayern und Bern. Internationale Überweisungen waren für Privatleute ein großes Problem. Sie wurden ebenso wie heikle Transporte meist über persönlich bekannte Gewährsmänner, die über Handelsbeziehungen verfügten, abgewickelt. Der Instrumentenbauer Nicolas Paul war wie sein Vater Jacques (1733–1796) bekannt als besonders geschickter Konstrukteur wissenschaftlicher Instrumente, die in Genf und London zusammen mit dem Uhrmacher und Silberschmied Jacob Schweppe und dem Apotheker Henri-Albert Gosse seit 1790 Fabriken zur Herstellung von Sodawasser betrieben[31].

Am 10. November waren Humboldt und Bonpland für drei Tage in Toulon, dann für zwei Monate wieder zurück in Marseille, nur um feststellen zu müssen, dass die geplante Weltumseglung auf der *Boudeuse* (der Trotzkopf) des Louis Antoine Comte de Bougainville (1729–1811), die im Hafen von Toulon lag, wegen der Kriege zu Land und zu Wasser nicht stattfinden wird. Die *Boudeuse* wird Kriegsteilnehmerin, kommt in

Italien und vor Malta zum Einsatz und wird Anfang 1800 für Brennholz in Malta auseinandergenommen, das den belagerten Franzosen zum Brotbacken fehlte. Humboldt machte sich mit Aimé Bonpland (1773–1858) über die Pyrenäen nach Spanien auf. Am 23. Februar 1799 waren sie in Madrid und erhielten in der Folge von Carlos IV. alle Vollmachten und Pässe für ihre Reise in die spanischen Besitzungen Amerikas.

Die Bibliothèque britannique als Rettungsanker der Kommunikation – Pictet in London

In diesem labilen Umfeld verließ der Physikprofessor und Herausgeber der *Bibliothèque britannique,* Marc-Auguste Pictet, am 1. August 1798 seine Heimatstadt, nicht mehr einfach Bürger von Genf und noch kein richtiger Franzose, war am 3. August in Paris, reiste am 20. August weiter und erreichte London am 31. August nach langen Einreiseformalitäten in Dover. Er konnte noch nicht ahnen, wie sehr sich die Auseinandersetzungen zwischen England und Frankreich überall zuspitzten und wie peinlich genau der Ärmelkanal und die Nordsee wegen des Staatstreiches in der Batavischen Republik und der irischen Rebellion von der britischen Marine kontrolliert wurde. In vielen Ländern griffen seit der Französischen Revolution bisher nicht gekannte Grenzkontrollen nicht nur auf Waren, sondern auch gegen Personen, die 1798 weiter verschärft wurden. Russland ließ ohne Erlaubnis seiner Gesandten in Berlin oder Wien keine Fremden mehr ins Land, rief seine im Ausland Studierenden bei Strafe der Konfiskation ihres Vermögens zurück und verbot jegliche Reise ins Ausland. In Bayern erließ der gerade erst zum Polizeiminister ernannte und durch seine Wärmeexperimente bekannte Graf Rumford ein Meldegesetz zur Kontrolle von Fremden, die sich länger als drei Tage in einem Privathaus oder länger als vierzehn Tage in einem Gasthaus aufhielten. Für England brauchte man einen Pass vom *Foreign Office* oder von einem britischen diplomatischen Repräsentanten, und alle Franzosen brauchten Empfehlungsschreiben und mussten bei der Landung »make themself well known«. Der Genfer Pictet war in einer besonderen Lage. Pictet war durch die Annexion von Genf durch Frankreich erst seit kurzem Franzose, und der Allianzvertrag mit Frankreich wurde noch während seines Pariser Aufenthalts unterzeichnet. Musste er sich in Paris einen Pass für England besorgen? Einige Jahre früher hätte das Empfehlungsschreiben eines bekannten Wissenschaftlers als Pass gereicht. Aber auch jetzt, als

Herausgeber der *Bibliothèque britannique* dürfte er den Engländern keine Ängste vor jakobinischer Subversion bereitet haben, und er war unter den auch politisch einflussreichen britischen Wissenschaftlern »well known«.

Der britische Außenminister Grenville wies seinen Minister in Hamburg, Sir James Craufurd, am 20. Juli 1798 an, keine Pässe für Emigranten mehr auszustellen, bevor sich nicht das *Foreign Office* in London damit befasst habe[32]. Die Maßnahmen richteten sich vor allem gegen Jakobiner, gegen irische Rebellen und französische Spione. Als der ehemalige erfolgreiche General der Rheinarmee, Präsident des Rates der Fünfhundert und Verbannter nach dem Staatsstreich vom 4. September 1797 (18 *fructidor*), Jean-Charles Pichegru, im September 1798 nach gelungener Flucht aus seiner Strafkolonie auf den *Îles du Salut* (Inseln des Heils) bei Cayenne in England eintraf, machte man ihm natürlich keinerlei Schwierigkeiten bei der Einreise. Mit ihm, dem Bourbonen Prince de Condé und anderen, sowie dem englischen Minister für die Eidgenossenschaft in Bern, William Wickham, als Spinne im Netz, hatte man schon vorher versucht, ein Netzwerk von Konterrevolutionären in Frankreich mit großen Summen hochzuziehen. Wickham war das Produkt einer Erziehung in Genf, dort gut integriert und verheiratet und musste seinen Botschafterposten in Bern nach Abbruch der Beziehungen im November 1797 verlassen. Pictet kannte die gesamte Familie Wickham in England und in der Schweiz und korrespondierte mit ihnen. Noch im Juli 1797, kurz vor dessen Abberufung, machte er eine Reise mit Wickham durch die Schweiz und handelte sich dafür einen schriftlichen, nicht mehr diplomatischen Rüffel des französischen Gesandten in Genf, Desportes, ein, der sich gewaschen hat:

»Ich werde Ihnen genau erklären, mein lieber Professor, wie sehr mir Ihre nächste Reise gegen den Strich geht und mich sogar beunruhigt. Ein kleiner nationaler Stolz hindert mich im Grunde genommen, dem Gefühl tut das keinen Abbruch … Sie reisen mit einem Engländer …der darüber hinaus mit einer aus Genf lebt … Ich habe wirklich große Angst, dass Sie meine Sprache vergessen und dass Sie mit einem total verführten Geist zurückkommen, und mit einem durch und durch bretonischen Herz. Passen Sie auf! Sie haben mehr als nur eine Neigung zur Anglomanie, und ich habe oft bemerkt, dass ich Sie nur um Haaresbreite halten kann. Darüber hinaus ist dieses Haar nur das eines Nysus (die Drohung, ihn bei seiner Rückkehr zu inhaftieren, wie das Bacchus mit Nysus gemacht hat, als dieser die angebotene Aufgabe nicht akzeptieren wollte H.V.); ich werde gegen Sie 58 Millionen Arme bewaffnen, wenn Sie mir nicht Rapport machen über jede einzelne Anhänglichkeit, die Sie meinem Vaterland schulden, damit es Ihnen gut gesinnt bleibt; mit dieser leichten Hilfestellung bin ich mir sehr sicher, aus Ihnen einen toten Mann zu machen... materiell wird sich das auszahlen, weil die Erinnerung an Sie, das fühle ich, immer in den Herzen derjenigen weiterleben wird, die es zu schätzen wissen, wenn die schönsten Talente mit einer ausnehmend seltenen Bescheidenheit einher gehen«[33].

Der Spagat, der hier von Pictet verlangt wurde, war enorm. In der zugespitzten Auseinandersetzung zwischen England und Frankreich ging er mit dem Festhalten am wissenschaftlichen Austausch zwischen beiden Ländern das Risiko politischer Verfolgung ein. Und ich glaube nicht, dass Pictet, vielleicht im Gegensatz zum Gesandten Desportes, vom Spionagenetzwerk Wickhams wusste, das dieser mit einer Passfälscherwerkstatt in Lyon und regelmäßigen Kurierdiensten mit Zentrum Lons-le-Saunier geknüpft hatte, wie das 1804 in Frankreich nach der zweiten Verhaftung Pichegrus kolportiert wurde. Man fand Pichegru am 5. April dieses Jahres in seiner Zelle an seinem eigenen Schal erhängt, und es ist nicht sicher, ob vielleicht Napoleon dahinter steckte, dem an einem öffentlichen Prozess zu diesem Zeitpunkt nicht gelegen sein konnte, nachdem im März 1804 auf seinen Befehl der französische Herzog Louis-Antoine Henri de Bourbon-Condé duc d'Enghien aus dem badischen Ettenheim entführt und sechs Tage später nach einem Schauprozess wegen Hochverrats hingerichtet worden war. Die europäische Öffentlichkeit war empört[34].

Die Attitude des Gesandten Desportes jedenfalls war unverschämt. Er gebärdete sich Mitte 1797 so, als sei Genf bereits französisches Herrschaftsgebiet, in dem er einzelnen Bürgern der Stadt vorschreiben konnte, wie sie sich zu verhalten haben. Offiziell tat er so, als sei Frankreich an der Unabhängigkeit von Genf gelegen, aber die Vorbereitungen für eine Annexion waren längst im Gange.

In Dover besichtigte Pictet ein Waisenhaus mit Rumfordküche. Den berühmten Experimentator zur Klärung der Natur der Wärme, Graf Rumford, hat er um wenige Tage verpasst. Keiner wusste etwas vom Anderen. Alle Briefe von Rumford an Pictet waren nicht angekommen, wie in einem Brief an Rumford vom 17. August 1799, also ein Jahr später, zu lesen ist. Graf Rumford war erst am 19. September über Hamburg in London eingetroffen, als designierter Generalbevollmächtigter des bayerischen Kurfürsten in München gestartet, aber der englische Außenminister Lord Grenville lehnte seine Bestallung ab. Die vielleicht vorgeschobene Begründung war, man könne keinen britischen Staatsbürger im Dienste eines anderen Landes akzeptieren[35]. Die Ablehnung wurde ihm erst in Hamburg durch den britischen Minister in Hamburg, Sir James Craufurd, mitgeteilt, »wegen seines Charakters«, wie William Pitt am 13. September an George III. geschrieben hatte, um vorab zu verhindern, dass man gezwungen sein könnte, ihn wie einen Generalbevollmächtigten in London zu empfangen. Rumford sollte auch gebeten werden, erst gar nicht in London zu erscheinen. Er hat es trotzdem gemacht, um sich notgedrungen dann ausschließlich um seine wissenschaftlichen Interessen und sozialen Engagements zu kümmern.

Rumfords Küche mit einem Ofen, der weniger Holz verbrauchte, und drei großen, in einer Herdplatte versenkten Töpfen mit einem nahrhaften Kartoffel-Rüben- oder Kartoffel-Erbsen-Graupenstampf reiht sich ein in die Versuche, die Versorgung der Armen zu verbessern und dabei zu verbilligen. Der Umgang mit der zunehmenden Armut beschäftigte die britische Öffentlichkeit, stellte viele moralische christliche Prinzipien in Frage, zwang die Regierung zum Eingreifen und die Freihandelsökonomen zur Rechtfertigung. Das Problem verschärfte sich mit den zahllosen Waisen, die aus den napoleonischen Kriegen als Straßenkinder übrig geblieben waren. Ein Ergebnis der vielen Überlegungen und Maßnahmen ist der klassische Essay von Malthus über die Prinzipien der Population von 1798, der die geäußerten Ansichten auseinander nimmt und die herrschende Verteilung von arm und reich festschreibt. Ein kurzer Ausschnitt aus dem Kapitel »Über die gesetzmäßige Unterstützung der Armut« wirft ein wenig Licht auf einige Argumente in der laufenden und giftig geführten Auseinandersetzung, in der sich Graf Rumford mit seinen Armenküchen positionierte:

»Um den Nothleiden der Armut abzuhelfen, hat man Gesetze wegen Unterstützung derselben gegeben, vor allen Ländern zeichnet sich England durch ein umfangreiches gesetzkräftiges Almonesirungssystem aus. Aber es steht zu befürchten, daß, wengleich die Noth Einzelner dadurch gemildert worden, das Uebel, dem es abhelfen sollte, nur noch weiter dadurch verbreitert worden.

Man kann sich nicht ausreden über die Unbegreiflichkeit der Thatsache, daß, troz der ungeheuren Armentaxen hier zu Lande noch so viel wirkiches Elend herrscht. Einige meinen, die Armengelder werden unterschlagen, andere behaupten, das Meiste werde von den Kirchen und

Armenvorstehern verpraßt. Alle kommen darin überein, daß der Fehler in irgendeinem Zweige der Verwaltung stecken müsse. Man ist unerschöpflich in Exklamiazionen der Verwunderung, daß die Armensteuer schon vor den neuen Misjahren drei Millionen Pfund betrug und doch keineswegs dem Mangel der Armut abgeholfen ward. Wessen Blick aber ein bißchen unter die Oberfläche der Dinge dringt, der würde noch weit mehr erstaunen, wenn die Sache anders wäre als die Erfahrung sie aussagt, wenn eine Abgabe von achtzehn Schillingen statt einer vom Pfund (im Orginal vier Schilling) das Elend der Armut, im Allgemeinen genommen, auch nur einigermaßen vermindern würde« (Orginal im Anhang)[36].

Pictet konnte in London Kontakte für die Zusammenarbeit mit der *Bibliothèque britannique* sichern, was der eigentliche Zweck seiner Reise war: Gleich der erste Band *Sciences et Arts* von 1796 hatte mit dem Essay von Graf Rumfords »Experiments upon heat« aus den *Philosophical Transactions* der *Royal Society of London* begonnen, und Rumford wird auch in der Folge einer ihrer wichtigsten Beiträge liefern, mit der die Natur der Wärme geklärt werden soll. Das lag ganz auf der Linie der Forschungen Pictets, der 1790 seine Aufsehen erregenden Experimente zur Reflexion von Wärme- und Kältestahlung im Fokus zweier Parabolspiegel mit Widmung an die *Royal Society of London* veröffentlicht hatte. Es war ihm der Nachweis gelungen, dass kalte Körper Wärme »verschlucken«. Sein Experiment wird im zweiten Teil ausführlich besprochen.

Die *Bibliothèque britannique* sorgte für eine gewisse Gleichzeitigkeit des Wissens bei den Eingeweihten, auch wenn die kriegerischen Zeitläufe nicht vorherzusehende Abbrüche des Informationsflusses bereit hielten. Der Austausch blieb prekär. Joseph Banks, der omnipotente Präsident der *Royal Society,* und Charles Blagden (1748–1820), sein Sekretär bis November 1797 und Experimentator mit Wasser unter seinem Gefrierpunk, waren nicht in London[37]. Pictet wird Blagden, seinen Kontaktmann zu den Wissenschaftlern der *Royal Society*, erst bei seiner nächsten Englandreise im Juni 1801 treffen. Und er wird Graf Rumford, der gerade mit Kanonenbohrversuchen im Münchner Zeughaus gegen den Wärmestoff eine heftig diskutierte Position bezogen hatte, am Ende seines Aufenthalts um drei Tage verpassen.

Im September war Pictet in London bei den hier praktizierenden Ärzten Charles-Gaspard de la Rive (1770–1834) und Alexandre Marcet (1770–1822), dem Begleiter Saussures auf dessen Englandreise 1793/94, die während der revolutionären Umtriebe 1794 aus Genf verbannt worden waren und in Edinburgh promoviert hatten. Bei de la Rive durfte er einige Proben des *whinstone,* des in Schmelzversuchen gewonnenen künstlichen Basalts, von dessen Freund aus seiner Zeit als Student in Edinburgh, Sir James Hall, mitnehmen.

Sir James Hall konnte seine beiden Vorlesungen zu den Versuchen, die er am 5. März und 18. Juni 1798 vor der *Royal Society* in Edinburgh gehalten hat, erst im 5. Band der *Transactions of the Royal Society of Edinburgh* 1805 veröffentlichen. Trotzdem gelangten seine Ergebnisse auf kriegsbedingt gewundenen Wegen an die europäische wissenschaftliche Öffentlichkeit. Es war der Chemiker William Nicholson (1753-1815), der in seinem noch jungen monatlichen *Journal of Natural Philosophy, Chemistry and the Arts* im Oktober 1798 ausführlich über Halls Rekristallisationsversuche mit Ofenschmelzen des Basalts von Ätna, Vesuv und vom Schlossberg in Edinburgh berichtete. Mit ihm hat Pictet in London gesprochen, und er wird die Details der Versuche aus *Nicholsons Journal* entnehmen, 1799 in Band 10 der *Bibliothèque britannique* beschreiben und die Proben direkt nach seiner Rückkehr der *Société d'Histoire naturelle* in Genf präsentieren. Pictets Artikel wurde von La Méthérie in Paris in Band 48 seines *Journal de physique, de chimie, d'histoire naturelle* von 1799 übernommen, das trotz der britischen Seeblockaden in die Hände des Chemikers Richard Kirwan in Dublin geriet und Kirwan in der *Bibliothèque britannique* zu einer Stellungnahme animierte.

Auf diese ununterbrochene Kette von Veröffentlichungen war Pictet sehr stolz: »Das ist eine große Wohltat für die Wissenschaften, und wir wagen zu sagen, für die Menschheit, dass diese andauernde Kommunikation inmitten der Schrecken des Krieges, zwischen der République des lettres *sint Troes sint ve Tyrii*«, sie Trojaner oder auch Karthager sind[38]. Soll wohl heißen, die Wissenschaftler beherrschten das versteckte Einschleusen ihrer Truppen, aber auch wie Hannibal den schwierigen Weg über die Alpen.

Der Chemiker und Geologe Richard Kirwan saß in Dublin in der Falle. Die irische Rebellion gegen die Briten, die am 23. Mai 1798 begonnen hatte, wurde wie schon die missglückte von 1776 von Frankreich unterstützt. Es galt Kriegsrecht. Richard Kirwan war als ein führendes Mitglied der *United Irish Society* oder auch *Society of United Irishmen* gefährdet[39], dessen Gründungsmitglied und erster Sekretär der Dubliner Kaufmann James Napper Tandy (1740–1803) war. Dieser wird sich im November 1798 nach Flucht in die USA und Rückkehr über das norwegische Bergen in die gefährdete Neutralität Hamburgs absetzen, dort auf englischen Druck mit drei weiteren irischen Rebellen inhaftiert und vor dem Hintergrund französischer erpresserischer Geldforderungen und einer ökonomisch desaströsen britischen Handelsblockade Hamburgs am 1. Oktober 1799 im Beisein des britischen Gesandten Craufaurd an England ausgeliefert. Nach Hamburg waren alleine in der zweiten Hälfte 1798 sechzig irische Revolutionäre geflohen, die von hier aus versuchten, Frankreich zu erreichen[40]. Hamburg war wegen der Blockade holländischer Seehäfen durch die Briten zum bevorzugten Handelsplatz für den Zugang nach Mitteleuropa geworden, unter argwöhnischer Beobachtung der Franzosen. Die *Geological Essays* des Chemikers Richard Kirwan von 1799, eine seltsam widersprüchliche Kompilation von Beobachtungen bekannter Geologen und mosaischer Gesamtschau, lagen im Juni 1798 für den Druck vor, aber die »confusion arising from the rebellion« verhinderten ihre Fertigstellung. Kirwan konnte das Manuskript »durch einen glücklichen Umstand«, das heißt wohl durch einen flüchtenden Rebellen, nach Deutschland schicken, wo es noch 1798 von Lorenz von Crell übersetzt und 1799 in Berlin und Stettin, zeitgleich mit der Londoner Ausgabe, erscheinen konnte.

Zu den Wissenschaftlern, die Pictet in London getroffen hat, gehörten neben den schon Genannten Marcet, Nicholson und de la Rive, der Chemiker und Freund von Charles Blagden, Henry Cavendish (1731–1810), den Pictet schon auf seiner ersten Englandreise 1775 kennen gelernt hat und der im Stillen an der Klärung der Natur der Wärme arbeitete. Von ihm gibt es dazu ein unveröffentlichtes Manuskript, wahrscheinlich 1787 geschrieben. Er hatte erhebliche Zweifel an der materiellen Theorie der Wärme und bevorzugte wie James Hutton eine Theorie, die auf der Newton'schen Bewegung basierte. Cavendish war berühmt für seine Entdeckung des Wasserstoffs und für seine Messungen der Gravitation – der »Erdschwere«. Allerdings hatte er seine Vorstellungen über die Wärme nie zusammenhängend veröffentlicht und zur Diskussion gestellt[41].

Weitere Besuche Pictets galten William Marsden (1754–1836), der aus Dublin stammte, einem Mitbegründer der *Royal Irish Academy* 1785 und Verfasser einer Geschichte von Sumatra; dem Astronomen William Herschel (1738–1822), der mit seiner Entdeckung der Infrarotstrahlung zwei Jahre später Entscheidendes über den Zusammenhang von Wärme und Licht beitragen wird; dem aus Graubünden stammenden Bibliothekar des Britischen Museums, Joseph Planta, Verfasser einer Geschichte der romanischen Sprachen und mehrerer Werke zur Geschichte der helvetischen Eigenossenschaft. Joseph Planta war neben Charles Blagden der zweite

Sekretär der *Royal Society* unter Vorsitz von Joseph Banks. Es waren alles Schwergewichte der britischen Wissenschaft, und viele von ihnen direkt involviert in die Debatten um die Natur der Wärme.

Auf der Rückreise in Paris überreichte Pictet am 16. September Außenminister Talleyrand eine Liste der in Irland gefangen gehaltenen Franzosen. Der Genfer Pictet verhielt sich bereits, nur wenige Monate nach der von ihm abgelehnten Annexion seiner Stadt, wie ein mustergültiger französischer Staatsbürger und politischer Emissär für den Austausch oder Freikauf von Gefangenen. Die Seeschlacht bei *Tory Island*, einer winzigen Insel nordwestlich von Donegal/Irland am 12. Oktober bedeutete das Ende der irischen Rebellion und brachte den letzten Versuch der französischen Marine, Soldaten in Irland zur Unterstützung der Rebellen anzulanden, zum Scheitern. Von den zehn Schiffen der französischen Flotte mit 3000 Mann blieben nach einer Verfolgungsjagd bis vor Brest nur zwei übrig. Einer der Anführer der irischen Unabhängigkeitsbewegung, Theobald Wolfe Tone, wurde an Bord des eroberten Flaggschiffes in französischer Uniform gefangengenommen und später von einem Kriegsgericht in Dublin wegen Hochverrats zum Tode verurteilt. Um seiner Exekution zuvorzukommen, beging er am 19. November 1798 Selbstmord.

Anfang Oktober war Pictet nach der Aktivierung seines Korrespondentennetzes zurück in Genf und dürfte vom Sieg Admiral Nelsons bei Abukir Anfang August erfahren haben.

Leopold von Buch in Rom und Neapel

Der 24 Jahre alte Geologe Leopold von Buch, ein Studienkollege Humboldts an der Bergakademie von Freiberg und der Prototyp eines Feldforschers, der im Laufe seines Lebens die geologischen Verhältnisse in ganz Europa untersuchen wird, war zu diesem Zeitpunkt in Rom und schrieb am 23. September an von Moll in Salzburg, einen Tag, nachdem Admiral Nelson nach seinem Erfolg bei Abukir in Neapel gelandet war. Von Buch war nach gemeinsamen geologischen Exkursionen mit Humboldt in Salzburg und Berchtesgaden schon seit Mai auf einer geologischen Reise in Italien, erreichte im Juli Rom und kam nun nicht weiter nach Neapel. Er war als Neptunist gestartet, als einer, der den Ursprung der Gesteine in der Ablagerung von Sedimenten im Ozean der Sintflut sah, und wurde beinahe zerrissen durch die Widersprüche zwischen dieser neptunistischen Wernerischen Theorie und dem, was er auf seinen Streifzügen an Überbleibseln früherer vulkanischer Aktivitäten vorfand. Er hatte eigentlich gehofft, seine Zweifel am Vesuv klären zu können (»zwey Tage am Vesuv würden alles das zum Ziele bringen«), aber der Weg dorthin war durch Kriege versperrt. Sein Barometer und sein Eudiometer zur Messung der Zusammensetzung der Luft waren durch einen Unfall mit dem Wagen bei Ferrara zerbrochen. Sie waren in Rom nicht zu ersetzen. Das Nationalinstitut der Römischen Republik von Frankreichs Gnaden tage im Vatikan, berichtete er an von Moll, und er könne ihm kein Exemplar von Breislacks *Topographia fisica della Campania* schicken, denn »alle Exemplare liegen in Neapel, wo die Charte gestochen ist; und es ist unmöglich, etwas von da zu erhalten«. Er wolle den Winter in Florenz verbringen und dann versuchen, über Livorno, Genua, Turin, Genf nach Neuchâtel zu gelangen[42].

Von Moll zitiert in demselben Jahrbuch der Berg- und Hüttenkunde noch aus nicht näher genannten »italiänischen Briefen«, deren Anonymität er anscheinend bewahren wollte: »Auch in Rom zieht die Politik die Gelehrten zu sich, um sie den Wissenschaften zu entziehen«. Am 5. Februar 1798 war nach der Eroberung Roms durch General Berthier die Römische Republik ausgerufen und der Kirchenstaat zerschlagen worden. Als Vorwand für die Besetzung diente die Ermordung des französischen Militärattaches Duphot in Rom. Papst Pius VI. wurde über Siena in die *Certosa San Lorenzo di Galluzzo* bei Florenz, ein Zisterzienserkloster, verfrachtet.

Scipione Breislack (1750–1826), Professor für Mineralogie in Neapel, wurde am 22. März Mitglied des nach französischem Vorbild eingerichteten Instituts, einer von 48. »Beislack immer in politischen Geschäften... Visconti ist Consul, der alte Petrini Tribun des Volks«[43]. Ennio Quirino Visconti (1751–1818) war Archäologe und Gianvincenzo Petrini (1725–1805) war ein römischer Mönch und Mineraloge mit einer großen Sammlung im *Collegio Nazareno* in Rom, die von Naturkundlern aus ganz Europa besucht und oft auch bereichert wurde[44].

Breislack war die zentrale Figur der Geologie in Italien und kontinuierlicher Beobachter seiner vulkanischen Aktivitäten. Er musste sich beim Wechsel von Neapel ins französisch besetzte Rom mit einigen Schikanen auseinandersetzen, deren Beseitigung zeigt, wer inzwischen Herr im Haus Italien war. Am 7. April schilderte der französische Botschafter für die cisalpinische Republik, Claudes-Joseph Trouvé, in einem Schreiben an das Direktoriumsmitglied Larevellière-Lépeaux die Umstände der Passverweigerung für Breislack durch das Königreich Neapel, die Trouvé nur durch massiven diplomatischen, fast undiplomatischen Druck der versteckten Androhung eines militärischen Eingreifens erzwang. Breislack war Professor der Mineralogie in Neapel und hatte um »Ferien« gebeten, damit er seine Angelegenheiten in Rom regeln könne. Natürlich wussten die neapolitanischen Behörden, dass er sich ins feindliche Lager begeben und seine Funktion im Institut ausüben wollte[45]. Breislack musste seine physische Topographie Kampaniens in Florenz ohne die in Neapel blockierte Karte von Rizzi Zannoni veröffentlichen, weil inzwischen auch Rom durch ständig wechselnde Truppenbesatzungen lahm gelegt war. Die Beschreibungen verschiedener Laven waren für James Hall in Schottland eine anregende Lektüre, die er in *Experiments on whinstone and lava* mit höchster Anerkennung erwähnte[46].

Leopold von Buch hatte gut daran getan, sich im Winter nach Florenz zurück zu ziehen. Anhaltende Plünderungen in Rom vor allem durch korrupte Offiziere der Besatzungsmacht und vermeintliche Patrioten, Einmarsch österreichischer Truppen und Wiederbesetzung durch französische im Verlauf des Dezembers, während sich von Humboldt am 20. Oktober aus Paris aufmachte und am 27. Oktober Marseille erreichte und immer noch an eine Überfahrt nach Tunis glaubte. Von Buch gelang schließlich seine lang ersehnte Reise zum Vesuv. Er folgte fast auf dem Fuß den Truppen von General Jean-Étienne Championnet, der in einem schnellen Winterfeldzug Neapel am 23. Januar 1799 besetzt hatte. Vom 9. Februar an blieb von Buch acht Wochen lang in Neapel und begann, vom Neptunisten zum Vulkanisten zu mutieren, nachdem er den Vulkanismus in seiner Umgebung inspiziert hatte. Er schien sich unter französischer Besatzung einigermaßen sicher zu fühlen, aber im Gegensatz zu Humboldt hielt er sich mit Bemerkungen zur politischen Lage zurück.

Die Besetzung Neapels kam überraschend, und sie erfolgte schnell. Drei Monate vorher, am 28. September 1798, hatte der Sieger von Abukir, Admiral Nelson, noch mit dem britischen Botschafter am Hof des spanischen Bourbonen Ferdinand IV. in Neapel, Sir William Hamilton (1730–1803), und anderen Größen der britischen Kolonie seinen Geburtstag und seinen Sieg gefeiert. Am 15. Oktober war er nach Malta zur Blockade der Franzosen gesegelt, gegen die die Maltheser rebellierten, und am 5. November zurück in Neapel. Angesichts der Bedrohung durch Championnet stockte Ferdinand IV. von Neapel sein Bündnis mit Österreich vom Mai 1798 mit Russland am 29. November und mit England am 1. Dezember auf. Es war zu spät.

Am 23. Dezember 1798 musste Nelson König Ferdinand IV., die Hamiltons, Premier Acton und angeblich 2000 Briten von Neapel nach Palermo evakuieren. unter ihnen auch den Arzt und Mineralogen Guglielmo alias William Thomson, nachdem neapolitanische Truppen und die Truppen des österreichischen Generals Mack am 28. November Rom von den Franzosen zurückerobert hatten. Aber schon im Dezember waren die Franzosen wieder in Rom, während dreißigtausend Mann der neapolitanischen Armee Ferdinands flohen und sich in alle Winde zerstreuten. Nur einen Tag nach der Besetzung Neapels durch General Championnet, am 24. Januar 1799, wird die Parthenopäische Republik unter französischer Ägide ausgerufen. Sie wird fünf Monate später ein klägliches und äußerst blutiges Ende finden, für das Admiral Nelson verantwortlich ist.

Zunächst lief unter französischer Besatzung alles nach bekanntem Muster. Verfassung nach französischem Vorbild, das Land in Departements zerschlagen, phantastische Zugaben aus der römischen und griechischen Geschichte mit Archonten und Ephoraten, »gleich schönen Farben auf angefaulten Latten«, wie Carlo Botta in seiner Geschichte Italiens schrieb[47]. Aber dann das wichtigste, die exorbitanten Kriegskontributionen, in zweieinhalb Monaten aufzutreiben, die Enteignung der Aristokraten, der religiösen Orden und Stiftungen, der Banken, der öffentlichen Schulen und Kassen, und natürlich aller Kunstschätze zugunsten des französischen Staates und nicht etwa zugunsten der angeblich befreiten Bevölkerung des Königreichs Neapel.

Championnet versuchte die rabiaten Enteignungen abzumildern und trat in Verhandlung mit der Regierung um einen Kredit, geriet mit dem Politkommissar Guillaume-Charles Faipoult wegen dessen alleinigem Zugriff auf sämtliche Steuereinnahmen der neuen republikanischen Regierung aneinander und jagte ihn schließlich mitsamt seinem Stab und der Hilfe seiner Soldaten aus Neapel, die nun ihrerseits nach Gusto plünderten. Innerhalb weniger Wochen hatten die Franzosen bis auf einige unentwegte Revolutionäre alle Bevölkerungsschichten gegen sich aufgebracht. Ein Volksaufstand gegen die Republikaner zwang sie zur Kapitulation. Championnet wurde wegen Überschreitung seiner Kompetenzen, Disziplinlosigkeit seiner plündernden Truppen und seinem zu freundlichen Umgang mit der Opposition, am 16. März seines Kommandos enthoben, in Grenoble vor ein Militärgericht gestellt und bis zum jakobinischen Staatsstreich vom 18. Juni 1799 gefangen gehalten.

In Neapel kapitulierten die Republikaner nach Zusicherung freien Geleits nach Frankreich durch den konterrevolutionären Kardinal Fabrizio Ruffo, den man getrost als Banditenführer und Aufwiegler der von allen Seiten ausgebluteten Landbevölkerung bezeichnen kann. Das von Ruffo zugesicherte freie Geleit akzeptierte Nelson, dessen Flotte im Golf von Neapel vor Anker lag, nicht. Am 28. Juni ließ er alle Republikaner, die ihre Waffen schon niedergelegt hatten, nun im Namen des Königs gefangen nehmen. Mehrere Hundert wurden in den nächsten Monaten zu lebenslangem Kerker verurteilt oder standrechtlich erschossen, und 122 endeten am Galgen oder unter dem Beil, fast die gesamte geistige Elite Neapels, unter ihnen zahlreiche Ärzte. Auf dem Land fielen mehrere Tausend dem royalistischen Wüten und den außer Rand und Band geratenen Banditen zum Opfer. Ferdinand IV. ließ 1803 alle Prozessakten vernichten. Die Königin Maria Karolina, die Schwester Marie-Antoinettes, hatte Nelson den Auftrag gegeben, Neapel »wie eine irische Stadt zu behandeln«, also *tabula rasa* zu machen[48].

Die schäbige und blutige Rolle des britischen Nationalhelden Nelson bei den Ereignissen nach der französischen Besetzung verschwindet hinter dem Weichzeichner einer Liebesschnulze zwischen ihm und Emma Hamilton und unter Bergen zehntausender romanesker Seiten. Die wirklich empörende Quasi- Regentschaft Englands im Königreich Neapel mit Hilfe des englischstämmigen Marine- und Finanzministers, Lord Acton, und des Botschafters Sir William Hamilton, die den ins Fadenkreuz der Großmächte geratenen König zu einer Marionette britischer Interessen gemacht haben und Lord Acton mit seinen Steuern zum Eintreiben der Kosten für den Aufbau einer Marine zu einem der bestgehassten Männer einer notleidenden Bevölkerung, ist zu einer Randnotiz verkommen. Johann Gottfried Seume erzählte in seinem *Spaziergang nach Syrakus im Jahr 1802*, wie die Neapolitaner von ihrer Lage dachten:

»Man sagt in Neapel auf allen Straßen ganz laut, der Minister verkaufe als Halbbrite die Nation an die Engländer … In der Revolution wurde eine Dame als Staatsverbrecherin mit ergriffen, und das Tribunal verurteilte sie zum Tode. Die vornehme interessante Frau appellirte an den König, und ihre Freunde brachten es so weit, daß sie zur endlichen Entscheidung ihres Schicksals nach Palermo geschickt wurde. Der König lebte dort in ihrer Gesellschaft einige Zeit nach der Liebhaber Weise; endlich drangen die strengen Strafprediger an sein Gewissen: die Frau wurde nach Neapel zurückgeschickt – und hingerichtet. Sie erzählte das Ganze selbst vor ihrem Tode auf dem Blutgerüste«[49].

Bei der Frau handelt es sich um die Marchesa Eleonora Fonseca Pimentel, die mit dem Beil geköpft worden war. Sie war die Leiterin der regierungsoffiziellen Zeitung der Parthenopäischen Republik und bereits mit 16 Jahren Miglied in der *Accademia dei Filaleti*, der Freunde der Wahrheit, einer einflussreichen Gesellschaft von Aufklärern. Für Seume sind die Greueltaten während der Französischen Revolution »noch Menschlichkeit gegen das, was Neapel aufzuweisen hat«. Ein Kurier, der von Messina über Reggio nach Neapel gehen soll, halte den Weg noch immer für gefährlicher als einen Feldzug.

Botschafter Hamilton wird in seiner politischen Funktion als Exekutionsorgan britischer Interessen kaum wahrgenommen. Er ist zu einer romantischen Projektionsfläche der *Grand Tour* geworden, der so wie Lord Bristol Gemälde, antike Vasen und Skulpturen sammelte und opulente Werke über den Vesuv und die Phlegräischen Felder 20 km westlich davon veröffentlichte (Abbildung 5, S. 48). Für die feine britische Gesellschaft, die sich am Endpunkt ihrer *Grand Tour* in Neapel versammelte, war er der Bezugs- und Angelpunkt. Aber er war es auch für mehr wissenschaftlich angehauchte Besucher, die sich von ihm gerne ganz in die Nähe Lava speiender Schlote des damals über viele Jahre sehr aktiven Vulkans führen ließen. 1798 waren Besucher aus naheliegenden kriegerischen Gründen ausgeblieben, aber den Ausbruch von 1794 hatten viele erlebt oder wurden durch Maler von Andenkenbildern unterrichtet, die die Dramatik noch überboten. Einige Besucher versuchten, die Temperatur der strömenden Lava zu messen, andere, meist Geologen, sammelten verschiedene Ausprägungen erstarrter Lava und Basaltbrocken, die sie zu Hause analysierten und in Öfen der Glasindustrie einschmolzen und wieder erstarren ließen – der Beginn einer experimentellen Geologie mit Produkten des Feuers. Auch die Rolle Hamiltons als Begleiter und Führer interessierter Wissenschaftler bei der Besteigung des Vesuv hat eine der blutigsten Episoden der Kriege in Italien in den Hintergrund treten lassen.

Leopold von Buch hatte sich noch rechtzeitig den schlimmsten Exzessen in Neapel entziehen können und den Untergang der Parthenopäischen Republik nicht miterlebt. Anfang Mai 1799 war er in Genua, und über Nizza, Marseille, Lyon erreichte er im Juni 1799 Paris. Dort traf er den Mineralogen René – Juste Haüy (1743–1822), der in Experimenten die geometrische Struktur der Kristalle entdeckt hatte, und Jean Claude de Lamétherie (1743–1817), den Mitherausgeber des *Journal de physique, de chimie, d'histoire naturelle et des arts* und Autor einer fünfbändigen, gerade um die Mineralogie erweiterten *Théorie de la terre*. Dann ging

Abbildung 5: William Hamilton und Pietro Fabris. Campi Phlegraei. 2 Teile und Supplement. Neapel 1776 und 1779. Titelblatt des Supplement mit der Nachricht über den großen Ausbruch des Vesuv August 1779. Text in englisch und französisch.
Oben: die große Eruption in der Nacht vom 8. August, gesehen vom Königspalast in Posillipo. Links darunter: der Vesuv vier Tage nach dem Ausbruch, gesehen vom alten Kraterrand des Monte Somma. Rechts daneben: Lavastrom während des Ausbruchs 1777. Links darunter: der große Ausbruch vom 8. August 1779, gesehen von Portici 12 km von Neapel nach einer Zeichnung von Pater Antonio Piaggi mit dem Hinweis, dass von dieser großartigen Zeichnung jetzt ein Kupferstich gekauft werden kann. Rechts daneben: der Vesuv vor dem letzten Ausbruch. Unten: Lavastrom von 1777, der seinen Weg in der Nähe der kleinen Berge nahm, die vom Ausbruch 1760 stammen.

er zurück nach Berlin. In der zweiten Hälfte 1800 war er in Neuchâtel, das er zu seiner zweiten Heimat erkor (es war ja noch Neuenburg und preußisch), war in dieser Zeit im September 1800, Anfang 1801 und im Februar, Mai und Juni 1802 in Genf, wo er intensiven Umgang mit den beiden Physikern und Experimentatoren der Wärmestrahlung, Pictet und Prévost, pflegte. Seine Beobachtungen am Vesuv fanden im 1802 erschienen ersten Band seiner Reisebeschreibung noch keinen Niederschlag. Dieser erste Band endet in Venedig. Erst als er 1805 zum zweiten Mal, diesmal mit Humboldt und dem Chemiker Joseph Louis Gay Lussac (1778–1850), den Vesuv untersuchte, ein Erdbeben am 26. Juli und einen Ausbruch am 12. August erlebt hatte, fasste er sie in seinem 1809 erschienen zweiten Band zusammen[50].

Spallanzani und die Plünderungen naturhistorischer Objekte in Italien

Am 29. Juni 1797 hatte Bonaparte die Cisalpinische Republik ausgerufen. Sie umfasste die Lombardei, das Herzogtum Modena, die Fürstentümer Massa und Carrara, die päpstlichen Legationen (Territorien) von Bologna, Ferrara, Mesola und der Romagna und etwas später noch das Veltlin, das zur bündnerischen Schweiz gehört hatte. Hauptstadt war Mailand. Der europaweit berühmte Philosoph, geologische Feldforscher und experimentelle Biologe Lazarro Spallanzani (1729–1799) aus Pavia hat die letzten Jahre seines Lebens alle Schrecken durchgemacht, die die französische Eroberung und anschließende Besatzung für ihn als Wissenschaftler vorgesehen hat. Einen Eindruck davon, was die angeblichen Befreier der Bevölkerung sonst noch alles zugemutet haben, liefert das besorgte Schreiben des französischen Arilleriegenerals Jean-Joseph Guieux an Bonaparte vom 19. März 1797:

»Bei meiner Ankunft in Treviso fand ich diese Stadt von den Soldaten der Division Serrurier geplündert vor, die meinige war auch nicht viel zimperlicher beim Ruinieren der armen Bewohner; der Chef der Brigade Auvray setzte mich in Kenntnis, dass die Militärs, die einen Teil des Vortrupps bildeten und einige der vierten dort trotz der bewaffneten Macht eingedrungen sind und die Niedertracht bis zum in Brand Stecken eines Hauses getrieben haben. Ich werde eine Order erlassen, um vergleichbaren Exzessen vorzubeugen; aber ich glaube, dass eine Order ihrerseits in dem Augenblick notwendig ist, in dem wir besetztes Land betreten und wo es unsere Absicht ist, uns beliebt zu machen. Der Soldat, der sich der Plünderung hingibt, hat seine Chefs missverstanden; ein Freiwilliger des neunundsechszigsten hat auf den Bataillonschef Arnaud gezielt, als dieser die Unordnung beenden wollte: dieses Individuum wurde arretiert, und man hat ihn entweichen lassen. Ich werden ihnen eine Kopie der Order schicken, die ich erlassen habe«[51].

Ob Bonaparte der richtige Adressat für einen Unterlassungsbefehl war, ist sehr zu bezweifeln. Seine Proklamation an seine »nackten und schlecht genährten Soldaten« vom 23. März 1796, einen Tag vor Beginn des Italienfeldzuges, war eine kaum versteckte Aufforderung zur Plünderung »in den fruchtbarsten Ebenen der Welt«, in reichen Provinzen und großen Städten. Es gibt eine ganze Reihe solcher Schreiben wie die Guieux' an die jeweiligen Oberkommandierenden, aber es ist nicht immer ausgemacht, dass sie von lauteren Absichten und echter Empörung getragen sind. Dieser bei der Verhaftung Lord Bristols schon einmal erwähnte General Guieux z.B. soll, als seine Truppen Padua besetzten, von der Stadt 100 000 Livres gefordert, sie zur Plünderung freigegeben und sich die Beute mit seinen Soldaten geteilt haben. Die mit dem Ausdruck großen Bedauerns vorgetragenen Meldungen sind nicht selten Nebelkerzen zum Selbstschutz, hinter denen Raubzüge in die eigene Tasche verborgen und die Verantwortung für Exzesse auf andere Truppenteilen oder einzelne Offiziere abgeschoben werden sollten.

Von echter Sorge scheint dagegen der damalige Botschafter bei der *République cisalpine*, Claude-Joseph Trouvé (1768–1860), getrieben worden zu sein. Am 29. September 1798 schrieb er aus Pavia an das Direktoriumsmitglied und den Mitorganisator des Staatsstreiches vom 4. September 1797 (18 *fructidor*), Louis-Marie de Larévellière-Lépeaux, er habe in Abwesenheit von Spallanzani die beeindruckenden Sammlungen der Universität von Pavia besichtigt und wolle alle Anstrengungen unternehmen, »um die cisalpinische Regierung daran zu hindern, eine zudringliche Hand auf eine solche Einrichtung zu legen, sie vielmehr dazu aufzufordern, ihr in jeder Hinsicht Mut zuzusprechen und sie so zu vergrößern, wie es ihr angemessen scheint«[52]. Trouvés Absicht kam eigentlich zu spät, denn Spallanzanis Basaltsammlung war schon Mitte 1797 nach Paris abtransportiert worden. Kurz vor seiner Abberufung als Botschafter der *République cisalpine* nach Stuttgart, teilte Trouvé am 21. Oktober desselben Jahres seinem Mentor in Paris die Befürchtung mit, dass Spallanzani und Volta ihren Abschied von der Universität Pavia einreichen würden, »wegen der Verzweiflung, die sie erleiden, und den Verfolgungen, die ihnen ein Feind bereitet, den man ihnen als Kollegen gegeben hat«[53], und das alles wenige Monate vor dem Tod Spallanzanis. Der genannte Kollege war sehr wahrscheinlich Giovanni Rosari, der am 8. Oktober, kurz vor dem Schreiben Trouvés, zum Pathologieprofessor berufen und zum Rektor per Akklamation durch die Studenten gewählt worden war. Er hatte sich mit Haut und Haar den französischen Besatzern verschrieben, mit denen zusammen er nach deren Niederlage Italien verließ[54].

Plünderungen, vielleicht nicht die Exzesse einzelner Soldaten und Offiziere, entsprachen durchaus der Generallinie des Direktoriums. André Thouin, der erfahrene Requisiteur in Holland, Belgien und Deutschland, Claude-Louis Berthollet, nach Studium der Medizin in Turin mit guten italienisch Kenntnissen, und Gaspard Monge, der Reorganisator der *Académie des Sciences* zum *Institut National* waren im Mai 1796 (bis Oktober 1797) von Bonaparte beauftragt worden, wissenschaftlich Interessantes in Italien für den botanischen Garten in Paris zu requirieren. Darunter waren auch die Sammlung vulkanischer Produkte Spallanzanis, die Mineralien von Pater Emenegildo Pini (1739–1825) in Mailand, die er hauptsächlich am Gotthard zwischen 1780 und 1783 gesammelt hat, und die beiden berühmten Herbarien des Alpenforschers Albrecht von Haller, dessen 60 Folianten nach seinem Tod als Geschenk Kaiser Josephs II. – er hatte sie von den Erben gekauft – in Pavia gelandet waren, und die Herbarien des Gründers des Botanischen Gartens, Ulisse Aldrovandi, die seit 250 Jahren in Bologna aufbewahrt wurden[55]. Die schönfärberische Bezeichnung des räuberischen Unternehmens: *commission pour la recherche des objets de sciences et arts en Italie* (Kommission zur Ermittlung von Objekten der Wissenschaften und Kunst in Italien). Der Abtransport der ermittelten Objekte und Kunstwerke war wegen zahlreicher Briganten schwierig, wie de Launay in seiner Biographie des Gaspard Monge berichtet:

»Die erste Ernte wurde in Mailand, Cremona, Pavia, Parma, Modena, Bologna, Cento und Ferrara eingefahren... Der Hauptteil des Konvois brauchte ein ganzes Jahr, bis er in Paris angekommen war. Man hatte ihn in Cortona (auf halber Strecke zwischen Florenz und Rom, H. V.) zusammengeführt, und er sollte unter der Direktion von La Billardière über den Colle di Tenda geführt werden (Pass über die Seealpen zwischen Cuneo und Nizza, H. V.). Aber zu diesem Zeitpunkt wurde das Land durch Briganten unsicher gemacht...«

Der Botaniker Jacques-Julien Houtou de La Billardière (1755–1834) war gleich nach seiner Rückkehr aus holländischer Gefangenschaft in Java, in die er im Verlauf der Expedition von La Pérouse nach Ozeanien geraten war, ebenfalls Mitglied der Kommission geworden. Die Holländer hatten seine botanische Sammlung von Batavia nach England geschickt, aber Joseph Banks, dem Präsidenten der *Royal Society*, gelang es, sie in einer großzügigen Geste trotz der Kriege zwischen England und Frankreich an La Billiardière weiterzuleiten. Er wusste aus eigener Erfahrung seit seiner Teilnahme an der ersten Expedition James Cooks in den Südpazifik, wie viel Anstrengung es La Billardière gekostet haben muss, rund 4 000 bisher unbekannte Pflanzen zu sammeln und wie wichtig es für ihn sein würde, sie wissenschaftlich zu bearbeiten. Aber trotz dieses generösen Beispiels hatte La Billiardière keine Skrupel, seinen italienischen Wissenschaftskollegen deren Arbeitsgrundlagen wegzunehmen und Zugriff auf die wertvollen Herbarien Hallers und Aldrovandis zu erhalten. Er verwechselte wie seine räuberischen Kollegen die intellektuelle Aneignung von Wissen mit dem Erbeuten von Objekten.

Die Briganten wurden wie ihre revoltierenden Bauernvorfahren im piemontesischen Mittelalter *Barbets* genannt, die sich jetzt, nach der Annexion der Grafschaft Nizza im Mai 1796, vor allem gegen die Abschaffung der Religion und gegen die Zwangsrekrutierungen durch die französische Armee gebildet hatten.

»Aus Furcht, auf sie zu treffen und auf dem Weg ausgeplündert zu werden, ging La Billardière nach Cuneo zurück, wo er die Hälfte der Kisten, die schwersten von ihnen, zurück ließ und es mit dem Rest über den Mont Cenis versuchte. Er erreichte Paris am 8. November 1796«.

In einem Brief aus Rom vom 15. April 1797 zählte Gaspard Monge auf, was vom wissenschaftlichen Raubgut im *Jardin des Plantes* und was in der *École polytechnique* gelandet ist:

»So erhielt der *Jardin des Plantes* die Herbarien von Haller und Aldrovando, die Sammlung vulkanischer Substanzen von Spallanzani, Felskristalle, Fossilien, Marmor, eine goldene Pinzette usw. Die *École polytechnique* ein Lichtmikroskop und ein Dunkelfeldmikroskop aus Bologna, eine Camera obscura aus Mahagonie und einige Werke der italienischen Wissenschaft. Diese für die *École polytechnique* bestimmte Sendung war speziell von Monge ausgesucht worden, zu der später noch eine englische elektrische

Maschine und eine Kiste mit »roten Niederschlägen« aus Mailand gehörten …« (wahrscheinlich Farbpigmente aus Eisenoxid)[56].

Bei der antifranzösischen Revolte in Pavia vom 26. Mai 1796, an der sich auch einige Tausend Bauern der umgebenden Dörfer beteiligten, und der nach ihrer Niederschlagung von Bonaparte freigegebenen Plünderung der Stadt waren die Universität mit ihren Sammlungen und die Privathäuser der Professoren noch nicht abgeerntet worden[57]. Pavia war militärstrategisch der Dreh- und Angelpunkt zur Kontrolle über die Lombardei und über Mailand. Ganz in der Nähe der Mündung des Ticino in den Po konnten dort seine Übergänge über die Flüsse für jede Invasionsarmee, sei es von Westen oder von Osten, blockiert werden. Der Aufstand in Pavia wurde deshalb von Bonaparte mit brutalsten Mitteln, der Zerstörung umliegender Dörfer und vielen hundert Toten niedergeschlagen. »Jeder Ort, in dem die Sturmglocken läuten, wird auf der Stelle niedergebrannt«[58].

Nur die Häuser, die von der Besatzungsmacht mit einer Art Talisman an der Türe gekennzeichnet waren, blieben von Plünderungen verschont. Das galt damals insbesondere für die Intelligentia, die Bonaparte zur Verwaltung der besetzten Gebiete brauchte und für Ingenieure, die ihm Brücken zu bauen hatten. Als Wojda im Mai 1798 Pavia passierte, lag es da wie ausgestorben[59].

Die besondere Gemeinheit gegen Spallanzani: er war noch dabei, den letzten Band seiner geologischen Reisen in beide Sizilien zu Ende zu schreiben, die *Viaggi alle due Sicilie ed in alcune parti dell' Appenino,* als man ihm seine Basaltsammlung, die anschauliche Grundlage für seine Beschreibung des Vulkanismus in Süditalien, genommen hat.

Spallanzani musste sich ein weiteres Mal tief gedemütigt gefühlt haben, als er von dem triumphalen Festzug am 9 *thermidor* (27. Juli 1798), dem Nationalfeiertag zur Erinnerung an der Sturz Robespierres, erfahren hat. Zur Ankunft des italienischen Raubgutes in Paris hatte Innenminister François de Neufchâteau eine mit Girlanden geschmückte Prozession von sechs Wagen mit der zur Schau gestellten Beute vom *Muséum d'histoire naturelle* zum *Champ de Mars* zwei Tage lang hin und her defilieren lassen (Abbildung 6, S. 54). Darunter waren auch einige Objekte aus der Schweiz und aus Afrika, die Mineralien und Fosslien aus Italien, vor allem aus der Gegend von Verona[60].

Und schließlich im Juni 1798 noch die falsche Zuschreibung eines Artikels in den *Annales de Chimie* über den Terminus »Thermoxigen« an

Abbildung 6: Champs de Mars am 27. Juli 1798. »Triumphaler Einzug der Monumente von Wissenschaft und Kunst nach Frankreich«. Kolorierte Radierung von Pierre Gabriel Berthault. 32,8 x 49,7 cm. National Air and Space Museum Collection Washington A 2014 0635 000. Zu sehen sind auch die Quadriga vom Markusplatz in Venedig und die lebendigen Monumente der Löwen und Dromedare.

Stelle des gebräuchlichen »Caloricum« für die Wärmeentwicklung bei Reaktionen mit Salzsäure. Nicht Spallanzani war der Autor des Artikels, sondern dessen Schüler Luigi Valentino Brugnatelli (1761–1818). Brugnatelli war der erste, der in Italien die Chemie Lavoisiers in einer umfangreichen Veröffentlichung bekannt gemacht hatte. Ob die falsche Zuschreibung nur ein Versehen war, die nach dem Protest Spallanzanis richtig gestellt wurde, und nicht doch als eine weitere Provokation Spallanzanis durch eingefleischte Jakobiner aufzufassen ist, ist angesichts der Beteiligten nicht ausgemacht[61]. Brugnatelli, der zunächst Schwierigkeiten hatte, sich auf die neue Chemie einzulassen, war Jakobiner und ein Freund des ebenfalls jakobinischen Volta. Spallanzani, ein früher Verfechter der Theorie von Lavoisier in Italien, war Jesuit und somit für den typischen Jakobiner ein Hassobjekt. Ihm war leichter ein Verstoß gegen das Sakrileg des Wärmestoffs zuzutrauen als dem politisch korrekten Brugnatelli. Der bizarre Streit um einen Begriff hatte keine wissenschaftlichen Folgen.

Die beiden Herausgeber der *Annales de chimie*, bei denen Spallanzani Protest einlegte, waren Jean-Baptiste van Mons (1765–1842) und Louis Bernard Guyton de Morveau (1737–1816). Van Mons war als radikaler Jakobiner unter der französischen Besatzung Belgiens 1794 ins Parlament gewählt worden, seit 1796 Mitglied im *Institut de France* und Mitherausgeber der *Annales de Chimie*. Er war einer der ersten, der Lavoisiers Chemie in Belgien bekannt gemacht hatte. Er kannte den französischen Emissär Claude Roberjot in Holland (1752–1799) sehr gut und lieferte ihm geflissentlich eine Untersuchung über die Reichtümer Hollands. Seit 1797, dem Jahr des Friedens von *Campo Formio* und der formellen Annexion Belgiens an Frankreich, war er Physik- und Chemieprofessor in der *École centrale du département de la Dyle* in Brüssel, dem ausgeplünderten ehemaligen Palast des Vizekönigs[62].

Der zweite Adressat Spallanzanis, Louis Bernard Guyton de Morveau, war 1790 Abgeordneter der französischen Nationalversammlung für das *Département* Côte-d'Or, wo er in Dijon eine Salpeterfabrik besaß. 1797 wurde er in den Rat der 500 gewählt und war somit als Kriegsgewinnler direkt involviert in die Politik des Direktoriums, auch in Italien. Zum Zeitpunkt des Schreibens Spallanzanis am 4. Juni 1798 war Guyton de Morveau Direktor der *École Polytechnique*, die für die Ägyptenexpedition 48 Schüler und Professoren gestellt hatte, und Mitglied der *Académie des Sciences*. Er hatte 1789 zusammen mit Lavoisier, Monge, Berthollet, de Fourcroy, Baron de Dietrich, Hassenfratz und Ardet die besagten *Annales de Chimie; ou Recueil des Mémoires concernant la Chimie et les Arts qui en dépendent* gegründet, in deren 25. und 26. Band diese falsche Zuordnung ausgetragen wurde.

Die kriegerische Expansion in Italien war Ende April 1799 erst einmal gescheitert. Das *Directoire cisalpine* begab sich von Mailand ins Exil nach Chambéry, auf Wartestellung sozusagen, denn natürlich hatte man das Ziel, Italien französischem Einflussbereich zu unterwerfen, nicht aufgegeben. In Grenoble waren eine große Anzahl italienischer Flüchtlinge, enttäuschte Jakobiner, angekommen, die beklagten, dass die italienischen Aufständischen nicht mit Waffen versorgt und in ihren Aktionen angeleitet worden waren. Revolutionäre Ziele waren dem Direktorium jedoch gänzlich fremd. Sie waren keine Idealisten mehr, die der Menschheit aus tiefster Überzeugung eine heroische Zukunft versprachen. Sie waren zu einem Haufen raffgieriger Eroberer degeneriert, die die eingeübten revolutionären Phrasen droschen, in Wahrheit aber aus den besetzten Gebieten herausholten, was nur irgendwie herauszuholen war. Das Direktorium machte italienische »Anarchisten« für das Scheitern seiner Politik verantwortlich. Die als »Anarchisten« verunglimpften italienischen Emigranten waren jedoch der Meinung, dass die Besatzung dafür verantwortlich war, die sich das italienische Territorium einverleiben wollte, statt auf ein revolutionäres geeintes Italien hinzuarbeiten. Übrig geblieben war ein desillusioniertes und verwüstetes und seiner geistigen Elite beraubtes Italien, dass der Rache der Reaktion schutzlos ausgeliefert war. Mit wem wollte man jetzt noch moderne Strukturen errichten, mit wem die Ausbildung organisieren? Wer sollte die geraubten wissenschaftlichen Instrumente ersetzen, die auf demütigend pompöse Weise im Pariser Naturkundemuseum und der *École polytechnique* gelandet waren, und wer sollte die zerstörten Brücken wieder aufbauen, nachdem die Ingenieure in der Kriegsführung verheizt worden waren? Selbst unter den italienischen Emigranten gab es welche, die es für einen Akt revolutionärer Freundschaft hielten, wenn wissenschaftliche Ressourcen aus ihrem Land Italien nach Frankreich abgezogen wurden.

Zu solchen Emigranten in Grenoble gehörte zum Beispiel der Dichter Giovanni Fantoni (1755–1807). Es passt zwar nicht zu seiner Vorstellung eines republikanisch geeinten Italien, aber er nahm sofort Kontakt zum *Lycée des Sciences et des Arts* von Grenoble auf, versprach Verbindungen zu italienischen wissenschaftlichen Gesellschaften herzustellen, in denen er Mitglied war, und wollte sich darum kümmern, dass das Institut die Manuskripte des eben verstorbenen Spallanzanis kaufen könne, was große Begeisterung ausgelöst haben soll. Die Beschaffung der Mauskripte ist ihm nicht gelungen, sie blieben in Italien und befinden sich heute in der *Biblioteca Panizzi* von Reggio und im *Centro Studio »Lazzaro Spallanzani«* von Scandiano, wo Spallanzani am 12. Januar 1799 gestorben war. Fantoni scheint sich Championnet angeschlossen zu haben, als dieser nach seiner Entlassung aus dem Gefängnis in Grenoble Kommandeur der *Armée des Alpes* geworden war. Nach Fantonis Vorstellung war die *Armée des Alpes* der Hammer, mit dem die Einheit Italiens geschmiedet werden sollte[63]. Championnet unterlag am 4. November 1799 einer österreichisch-russischen Übermacht in Genola bei Cuneo, demissionierte zugunsten von Bonaparte und starb an Typhus, wie viele seiner Soldaten vorher, am 9. Januar 1800, 37-jährig in Antibes.

Der Politkommissar Faipoult (Faypoult), dessen Wirken ich in Neapel beleuchtet habe, repräsentierte diese konfiskatorische Linie des Direktoriums wie kein zweiter. Der während der Revolution und unter Napoleon vielfach verwendungsfähige gelernte Truppeningenieur (Hauptmann der Pioniere) Chevalier Faipoult de Maisoncelle hatte praktisch bei jeder republikanischen Umwälzung in Italien seine Hände im Spiel, in Genua, Rom und Neapel, und war geübt darin, Unruhen zu initiieren und zu fördern, so lange sie für die Besatzung nützlich und dem erklärten Willen des Direktoriums, Kontributionen einzutreiben, entsprachen. Er war nach seinem Rauswurf aus Neapel durch Championnet bereits am 28. Februar 1799 zum Konsul in Hamburg ernannt worden, wo er sich, wie gewohnt, intensiv in die städtische Belange einmischte, böse Zungen sprachen gar von mitregieren.

Das Scheitern der ägyptischen Expedition und die Solidarität unter Wissenschaftlern – Dolomieu

Am 7. März 1799 verließ der erkrankte Geologe Dolomieu Ägypten auf der gecharterten reparaturbedürftigen *La Belle Maltaise* aus Rosette zusammen mit 117 Begleitern, darunter den Generälen Dumas und Manscourt und sein Schüler an der *École des mines,* Louis Cordier (1777–1861). Nur einige Monate vor Ihrer Verpflichtung nach Ägypten hatte Cordier Dolomieu auf eine Explorationstour in die Alpen begleitet[64].

In einem tagelangen Sturm lief das Schiff mit Dolomieu an Bord trotz aller Versuche, das Wasser heraus zu befördern, so voll, dass sie gezwungen waren, zehn Kanonen und neun der elf Araber Pferde über Bord zu werfen. Sie schafften es an die Küste des Golfes von Tarent direkt in die Arme eines selbsternannten korsischen Chefs einer Banditenregierung von Tarent und endeten schließlich in einem brutalen Gefängnisregime König Ferdinands I. von Neapel. Sie wurden in Tarent gefangen gehalten, Dolomieu als einziger nach einigen Monaten in einen Kerker nach Messina verfrachtet und ohne Prozess zu lebenslanger Einzelhaft vorgesehen. Zwischen dem Kerker in Tarent und dem von Messina Ende Juni konnte Dolomieu am 5. Juni 1799 noch einige Briefe an Cordier diktieren, bevor Cordier zusammen mit 50 weiteren Franzosen auf einem Parlamentärschiff zum Gefangenenaustausch am 19. Juni in die Römische Republik abgeschoben wurde. Cordier setzte sich nach Civita-Vecchia ab und heuerte dort auf einer Schaluppe der Korsaren an, da der Landweg durch die Siege der Österreicher und Russen in Oberitalien an der Trebbia im Juni und bei Novi im August versperrt war und sich hunderttausend Mann der Armee General Surovovs in ganz Oberitalien breit gemacht hatten. Die Schaluppe segelte entlang der italienischen Küste, bis vor die französische verfolgt von einer britischen Fregatte, der sie mit ihrem flachen Schiff am 10. September nur durch Rudern in einer Flaute, die die schwere Fregatte zur Bewegungslosigkeit verdammte, in den Hafen von Nizza entkamen. Auch hier hatte er noch Glück, dass der russische General Surovov seine Sommerpläne, bis Nizza und in den Var vorzudringen, nicht umsetzen konnte. Die Internationale der Wissenschaftler, darunter vor allem Pictet in Genf mit seinen Verbindungen nach England, wurde von Cordier alarmiert.

Am 23. September schrieb Pictet an den Präsidenten der *Royal Society* Joseph Banks und zwei Tage später an deren ehemaligen Sekretär Charles Blagden, nachdem er erfahren hat, dass Dolomieu in einem Hafen auf Sizilien festgehalten wurde, und bat um Unterstützung und öffentlichen Druck, um Dolomieu aus seinem Kerker in Messina frei zu bekommen[65]. Am 5. Oktober war Cordier in Paris[66].

Drei Tage später landete Bonaparte, der am Anfang des Leidensweges von Dolomieu gestanden hatte, nach seiner Fahnenflucht aus Ägypten aus Angst vor den Engländern nicht in Marseille oder Toulon, sondern in Saint Raphaël bei Fréjus. Er hatte neben einigen Generälen auch die beiden Wissenschaftler Claude-Louis Berthollet (1748–1822) und Gaspard Monge (1746–1818) mitgenommen. Bonaparte und sein Anhang erlaubten es sich völlig verantwortungslos, die Quarantäne nicht einzuhalten und damit die öffentliche Gesundheit zu gefährden, obwohl sie aus Pest verseuchten Gebieten gekommen waren. Die zuständigen Gesundheitsbehörden von Marseille und Toulon waren entsetzt, die örtlichen von Fréjus zerflossen in Bewunderung und ließen ihn gewähren. Bonaparte und Anhang waren bereits unterwegs nach Lyon, als die Kontrolleure eintrafen. Ähnlich verantwortungslos hatte er sich schon bei einem Zwischenstopp in Ajaccio auf Korsika verhalten[67]. Mit sich führte er die gesamte Kasse aus Ägypten und hinterließ dem neuen Kommandanten General Kleber einen Schuldenberg von 12 Millionen Francs, eine auf 5000 Mann dezimierte Armee, in der die Ruhr grassierte, ohne Pulver und Kanonen gegen 32000 Mann des Großwesirs und seiner Mameluken und bedroht durch Engländer und Russen[68].

Dolomieu machte für die Härte seiner Haft Rachegelüste der Königin von Neapel verantwortlich, Maria Karolina aus dem Hause Habsburg, die Schwester Marie-Antoinettes. Sein Überleben hatte er dem amerikanischen Kaufmann in Messina und Generalkonsul in Sizilien John Broadbent zu verdanken. Broadbent hatte sich, nachdem er zufällig von einem Gefängniswärter bei der Inspektion seiner ans Gefängnis gelieferten Matratzen von dem europaweit berühmten Gefangenen erfuhr, intensiv um Dolomieu gekümmert, den Militärgouverneur von Messina, den Prinzen de la Scaletta, mit der Androhung der Veröffentlichung der Haftbedingungen und der Skandalisierung, falls er sterben sollte, unter Druck gesetzt, und konnte ihn schließlich auf Ehrenwort und immer noch als Gefangenen aus dem feuchten und niedrigen Gefängnisloch in seine Residenz bringen und wieder aufpäppeln[69]. Charles-Jean-Marie Alquier, der Bevollmächtigte Frankreichs in Florenz und zuständig für die legalistisch bemäntelte Annexion der Toskana, bedankte sich bei Broadbent in einem überschwenglichen Schreiben vom 31. März 1801 und der für einen Amerikaner bemerkenswerten Garantie, auf ewig in Frankreich willkommen zu sein[70].

Dolomieu kam erst nach der Schlacht von Marengo und einem Waffenstillstandsvertrag zwischen Bonaparte und Ferdinand I. vom 6. Februar 1801 wieder frei. Er war schon in Abwesenheit zum Professor für Mineralogie am *Muséum d'Histoire Naturelle* in Paris gewählt worden, und Haüy übernahm den Posten bis zu seiner Freilassung.

Im September 1801 erlaubten die Briten den Abzug der geschlagenen Franzosen und brachten Ende 1801 ihre französischen Gefangenen nach Frankreich zurück. Vorausgegangen war ein langes Tauziehen um die Bedingungen des Abzugs. Die Franzosen sammelten ihre Wissenschaftler und deren reiche Beute auf einem wegen seiner Schnelligkeit auch bei Piraten beliebten Handelsschiff, einer *brick de commerce* mit dem bezeichnenden Namen *l'Oiseau* (der Vogel). Beim Appell fehlte die Hälfte der Mathematiker. Sie waren entweder tot oder hatten Ägypten verlassen. Der Vogel wurde beim Versuch des Auslaufens mit den Wissenschaftlern und der wertvollen Fracht an Bord von den Engländern abgefangen und wieder in den Hafen zurückgeschickt, der Sekretär des Instituts in Ägypten und spätere Mathematisierer der Wärmeleitung, Joseph Fourier, als Geisel genommen. Wieder gab es lange Verhandlungen, in denen die Franzosen verhindern wollten, dass ihre Wissenschaftler von den Engländern zum Eigengebrauch genommen und ihre gesammelten Reichtümer konfisziert werden. Die Franzosen mussten auf ihre Beute verzichten, wegen der in Kairo grassierenden Pest in Quarantäne und wurden am 19. November 1801 mit dem restlichen Expeditionskorps (nur 40 % hatten überlebt) auf englischen Schiffen nach Toulon transportiert.

Symbiose von Romantik, Industrie, Chemie und Geologie – Coleridge, Wegdwood, Leslie, Hamilton

Zum kulturellen Gewebe des Jahres 1798, das die Wissenschaften einarbeitete, gehören nicht nur die allgegenwärtigen Kriege, sondern auch die Veröffentlichung der *Lyric Ballads* von Wordsworth und Coleridge als Auftakt zur englischen Romantik in der Literatur, genauer die Freude, die die Poesie bereitet, und die Freude, die der Wissenschaftler bei seinen Entdeckungen empfindet, die Wordsworth im Vorwort in einem Atemzug nennt.

Beide Freuden waren gleichwertig. Unter den Wissenschaftlern dieser Zeit sind eine ganze Reihe Romantiker zu finden, die selbst Gedichte eines romantischen Naturgefühls verfassten wie der Chemiker Sir Humphry Davy, oder ein Werk zum gotischen Stil, wie der Geologe Sir James Hall. Sie alle waren enttäuschte Enthusiasten der Französischen Revolution, und die Enttäuschung schlug in Ablehnung und Feindschaft um eben in diesem Jahr 1798, an dessen Beginn die Franzosen in die Schweiz einmarschierten und die Möglichkeit des erhabenen Berggenusses zerstörten, und an dessen Ende auch das Schauspiel entfesselter Naturgewalten am Vesuv zumindest für die Briten der *Grand Tour* unmöglich gemacht wurde. Colerigde hat sich in seiner Sehnsucht nach den Gletschern im Tal von Chamonix, wo er nie gewesen war, mit seiner *Hymn before sunrise in the vale of Chamouni,* erschienen im September 1802 in der *Morning Post,* sogar zu einem Plagiat auf Frederike Bruns *Chamouny beym Sonnenaufgange* vom Mai 1791 hinreißen lassen. Nach Neapel hat er es im Winter 1805 / 1806 selbst geschafft. Den Winter 1798/1799 verbrachten Coleridge und Wordsworth in Goslar[71].

Colerigde, dem das Lachen vergangen war, was sich in einem Gedicht wie *An Ode* niederschlug – *Reality's dark dream!* – oder im szenischen Gedicht *Fire, Famine, and Slaughter: A War Eclogue*, das die Verbrechen in Irland thematisierte – *By the light of his own blazing Cot Was many a naked Rebel shot* – dieser Coleridge wollte das Lachen wiederfinden bei Selbstversuchen mit Lachgas, mit dem er bei seinem Freund, dem Chemiker Humphry Davy experimentierte.

Ein anderer Freund, Thomas Wegdwood (1771–1805), der Sohn des Keramikfabrikanten Josiah Wegdwood, bereitete Coleridge Freude mit einer jährlichen lebenslangen Pension von 150 £, wie schon ein Jahr vorher für den Chemiker John Leslie, seinen ehemaligen Tutor. Josiah Wegd-

Abbildung 7: Die originalen Brennöfen für Flaschen in Wedgwoods Firma Etruria. Foto von Ernest James Dalzell Warrillow 1952. The Warrilow Collection. Keele University.

Abbildung 8: Josiah Wedgwood. Schwarze Basaltvase. Diese Vase vom Typ Pelike ist auf der Widmungstafel des ersten Bandes von William Hamiltons vierbändigem Katalog seiner ersten Vasensammlung abgebildet. Höhe 33,5 cm. British Museum Greek Vases E381 (Ian Jenkins and Kim Sloan, ›Vases and Volcanoes: Sir William Hamilton and his collection‹, BMP (1996), p. 146, no. 28).

wood (1730–1795) hatte seine Keramikfabrik in Etruria nördlich von Stoke, in den Midlands zwischen Birmingham und Manchester, errichtet (Abbildung 7). Der Name Etruria war Programm. Wedgwood gelang ein perfektes Schwarz, das die Farbe und die Form etruskischer und griechischer Vasen imitierte, und das er »Basalt« nannte (Abbildung 8). Sie waren in London der letzte Schrei, ein perfekter Reflex auf die Touristen der *Grand Tour*, die solche Vasen in Rom und in der Vasensammlung von Sir William Hamilton, dem Jahrzehnte langen britischen Botschafter in Neapel, gesehen hatten und die Wedgwood aus dem umfangreichen Katalog Hamiltons kopierte[72]. Josiah Wedgwood war 1782 auch der Erfinder eines Pyrometers, den er bei den hohen Temperaturen seiner Öfen einsetzte, und der auch bei den ersten Experimenten mit geschmolzenem Basalt in Gebrauch waren. Dazu erstellte er die passende Wegdwood-Skala.

Mit seinem Tutor John Leslie hatte Thomas Wegdwood von Juni 1790 an zwei Jahre in Etruria chemische Experimente durchgeführt, in den Fabriklabors und mit Hilfe der Brennöfen für Keramik. Thomas Wedgdwood korrespondierte über den Fortgang mit seinem Chemikerfreund Joseph Priestley (1733–1804), bis dieser von Heilserwartungen durchglühte Verehrer der Französischen Revolution im September 1793 nach massiven Ausschreitungen eines religiösen Mobs gegen seine Person England Richtung Pennsylvania verließ. Während Leslie den Einfluss der Lichtstrahlen auf die Erwärmung von Körpern untersuchte, experimentierte Wedgwood mit der sehr starken Erwärmung von Körpern, z.B. Silber, aber auch verschiedene pulverisierte Erden, um die Emission von Licht bei steigenden Temperaturen (bis 600° Fahrenheit/315° Celsius) zu untersuchen und Phosphoreszenz hervorzurufen.

Im Frühjahr 1793 las John Leslie, der trotz der Freundschaft mit seinem ehemaligen Mathematikprofessor und späteren gefeierten Verfasser von *Illustrations of the Huttonian Theory of the Earth*, John Playfair (1748–1819), immer noch vergeblich auf eine naturwissenschaftliche Professur in Edinburgh hoffte und in seinem bescheidenen Haus in Largo an der Nordseite des Firth of Forth mathematische Studien betrieb und auf eigene Kosten experimentierte, in zwei aufeinanderfolgenden *meetings* der *Royal Society of London* über *Heat and Climate*. Das war eine mit experimentellen Belegen unterfütterte Gesamtschau der Aufnahme der Sonnenwärme durch die Atmosphäre, die Meere und Kontinente. Leslies Vorlesungen wurden jedoch nicht in den *Transactions* veröffentlicht. Auch die *Royal Society of Edinburgh* weigerte sich. Man ließ Leslie spüren, dass er ein Nobody aus der *lower class* war, sein Vater Schreiner. Leslie war gedemütigt. Er hasse den Geist der Intrige, der in diesen Institutionen herrsche, schrieb er an Thomas Wegdwood[73].

Zum ersten Mal publiziert wurde *Heat and Climate* 1819 vom schottischen Chemiker Thomas Thomson in seinen *Annals of Philosophy*. Wegdwood dagegen konnte seine Ergebnisse schon am 22. Dezember 1791 und mit Patronage von Joseph Banks vortragen und 1792 veröffentlichen. Joseph Banks hatte schon seit seiner Südseereise intensive Kontakte zu Vater Josiah Wedgwood, der ihm unter anderen seine aus Australien mitgebrachten Erden analysierte[74].

Wenn es für die ersten experimentierenden Geologen um die Erzeugung hoher Temperaturen für die Gesteinsschmelze ging, dann waren die Öfen der Glasindustrie und der Eisengießerei, wie für Sir James Hall die Leith Glassworks (Abbildung 9) und die Eisengießerei von Barker, und die Öfen der Keramikindustrie, wie die Etruria Works Wegdwoods die erste Wahl. So ließen sich Prozesse, die unter Druck und Hitze im Innern der Erde stattfinden, kontrolliert simulieren und Kristallisationsabläufe studieren. Persönliche Freundschaften erleichterten diese naheliegende Verbindung zwischen Industrie und Geologie, die in rudimentärer Form ja schon seit Jahrhunderten in den Berg- und Hüttenwerken praktiziert

Abbildung 9: Leith von Westen. Radierung von John Clerk of Elding (1728–1812). 8,4 x 25,9 cm. Scottish Gallery of Modern Art (Modern One) Edinburgh. Die beiden hohen Brennöfen der *Leith Glassworks* sind mit ihren Rauchschwaden am Horizont rechts zu erkennen. John Clerk war landbesitzender Baron und Freund von James Hutton, dessen *Theory of the Earth* er mit Radierungen illustrierte.

wurde ohne dass man darüber ein großes Aufheben machte. Mit Steinschmelzen umzugehen war ihr Geschäft. Jetzt aber beschäftigten sich oft adlige Feldforscher mit Grundbesitz mit Erdwärme und Sonneneinstrahlung, mit dem Verhalten von Wasser in der Nähe des Gefrierpunktes und der Kristallisation von Substanzen bei Abkühlung, um zu verstehen, wie Granite und Basalte, Marmor und Schiefer im Verlauf der Erdgeschichte entstanden sein könnten. Das war Wissenschaft, nicht Geschäft.

Leslie veröffentlichte 1804 *Experimental Inquiry into the Nature and Propagation of Heat,* in der er mit einem mit kochendem Wasser gefüllten Würfel, dessen zwei Seiten aus ungeschliffenem Metall, eine Seite aus poliertem Metall und einer schwarz gestrichenen zeigen konnte, dass die schwarze Fläche Wärme am besten leitet. Leslie hatte sehr großen Wert auf die exakte Beschreibung seiner Gerätschaften gelegt, weil er wusste, wie sehr die experimentellen Ergebnisse durch nicht vollkommene Parabolspiegel oder abweichende Oberflächenbehandlung von Metallen abhingen. Diese Exaktheit hat Pictet bei der Vorstellung von Leslies Abhandlung in der *Bibliothèque britannique* sehr bewundert und gleichzeitig mit einer Warnung versehen: man müsse auf die Vergleichbarkeit von Experimenten achten, wenn Wissenschaftler wie Rumford und Leslie am gleichen Objekt ohne Wissen des anderen arbeiten. Die Versuchsanordnungen und Materialien müssten übereinstimmen und man müsse voneinander lernen. Darin sah Pictet die Aufgabe der *Bibliothèque britannique*[75].

Leslies Untersuchung war seinem Freund Thomas Wedgwood gewidmet, mit dem er 1796 in den Schweizer Alpen zur Exploration der Gletscher unterwegs gewesen war, wobei sie wohl auch Genf besucht hatten. Thomas Wegdwood war noch einmal im Mai 1803 in Genf, musste jedoch den Kontinent nach wenigen Tagen wegen des drohenden Krieges

Abbildung 10: William Turner. Glacier and Source of the Aveyron, going up to the Mer de Glace. Aquarell 27,8 x 39,5 cm. Amgueddfa Cymru (National Museum of Cardiff).

zwischen England und Frankreich, der den Frieden von Amiens nach nur 14 Monaten beendete, wie viele andere Briten fluchtartig verlassen. Noch im Jahr davor hatten in den Sommermonaten fünfzig Engländer pro Tag das Eismeer besucht, schrieb Pictet am 9. August 1802 an Marcet. Unter ihnen war auch der Maler William Turner, der mit seinen Aquarellen die Sehnsuchtslandschaften der *Grand Tour* in eine durchsichtige Orgie von Licht verwandelte (Abbildung 10).

Grand Tour und Wissenschaftstourimus – die Delucs in Genf und England

Die Genfer Gebrüder Jean-André Deluc (1727–1817) und Guillaume-Antoine Deluc (1729–1812) entflohen wann immer sie konnten der Politik ihrer Heimatstadt, in die sie als Kommissare tief verstrickt waren, und durchstreiften die Alpen mit naturkundlicher Neugier und gläubigem Erstaunen über die großartige Schöpfung Gottes. Die Ausbeute ihrer

Explorationen landete in einer mineralogischen Sammlung, in der auch Laven von Vesuv und Ätna einer Italienreise von Guillaume-Antoine zu sehen waren. Der Reichtum ihres naturhistorischen Kabinetts war legendär und zog Touristen und Wissenschaftler auf ihrer *Grand Tour* in ihren Bann. Die Delucs waren begehrte Führer in die Alpen und haben viele ihrer Besucher ins Tal von Chamonix und zum Gletscher des *mer de glace* begleitet. Große Wissenschaftler waren sie nicht. Lavoisier nannte Jean-André Deluc »mittelmäßig«. Diese Einschätzung hatte viel mit ihrer tiefen Gläubigkeit zu tun, die ihre wissenschaftlichen Bemühungen intensiv verfärbte und geologische Phänomene hartnäckig und zunehmend belächelt in der Schöpfungsgeschichte verankern wollte.

Jean-André bezeichnete sich sein Leben lang als »citoyen de Genève«, obwohl er seit 1774 in England lebte, im Handumdrehen zum Vorleser der Königin Charlotte, einer Prinzessin von Mecklenburg Schwerin, avancierte und wegen der Konstruktion eines Hygrometers und eines Barometers und seiner meteorologischen Beobachtungen in den Alpen Mitglied der *Royal Society* geworden war. Sein Bruder war in Genf geblieben. So wurden die Beiden zum Dreh- und Angelpunkt britischer Präsenz in Genf und Genfer Präsenz in Britannien, eine Liaison, die die höchsten Kreise der Aristokratie ebenso einschloss wie Wissenschaftler, bzw. deren Söhne, die sich zur Ausbildung für längere Zeit in Genf einquartierten. Das war neben meteorologischen Beobachtungen mit einem eigens für Touren konstruierten Barometer und Versuchen zum Verhalten des Wassers in der Nähe des Gefrierpunktes ihre wirklich große Leistung, die mit dazu beigetragen hat, dass sich Wissenschaftler über alle nationalen Grenzen hinweg auch während der immer brutaleren napoleonischen Kriege nicht als Erzfeinde begegneten, sondern mit allen Mitteln die Kommunikation aufrecht erhalten wollten. Die Integration der Engländer in das Genfer Leben hatte sogar eine *debating society* zur Folge, in der sich neben den englischen *residents* wissenschaftliche und politische Größen aus Genf einfanden, darunter die Mediziner Odier und Delaroche und die Professoren Saussure und Mallet. Sie alle lernten hier englisch oder perfektionierten es nach Reisen in England, wie Saussure.

Während Jean-André in England zu europaweit bekannten wissenschaftlichen Größen eingeladen wurde, zum Astronomen Herschel, zum Chemiker Priestley und zum Geologen Hall, zu James Watt zum Beispiel, kümmerte sich Guillaume-Antoine in Genf um deren oder deren Sprösslinge Empfang, um Exkursionen und Ausbildung. Der Sohn Joseph Jr. des Chemikers Joseph Priestley, der Sohn Gregory des Dampfmaschinenbauers James Watt lernten nicht nur französisch in Genf, sondern auch die Alpen, Mineralogie und Messtechniken kennen. Gregory Watt (1777–1804) wird zusammen mit dem schottisch-amerikanischen Geschäftsmann und Geologen William Maclure (1763–1840) in den Jahren 1801 und 1802 ausgedehnte geologische Exkursionen in Frankreich und Italien machen und Gregory noch kurz vor seinem frühen Tod eine Studie über die Kristallisation im abkühlenden, vorher geschmolzenen Basalt fertigstellen[76].

Bekannte Instrumentenbauer, Jacques Paul und später sein Sohn Nicolas, wurden durch die Wissenschaftstouristen zu einer Anlaufstelle für die Ausrüstung mit Messgeräten. Von den Pauls hatten sich auch der Vater des wissenschaftlichen Alpinismus, Horace-Bénédict de Saussure, und der Herausgeber der *Bibliothèque britannique* und Physiker, Marc-Auguste Pictet, ihre geländegängigen Thermometer, Barometer und Hygrometer und die Geräte zur Demonstration der neuesten physikalischen Erkenntnisse in ihren Vorlesungen bauen lassen. Auch Alexander von Humboldt bestand darauf, Pauls exakte Instrumente auf seine Amerikareise mitzunehmen. Die Delucs brachten den Vulkanologen Hamilton aus Neapel mit dem Alpinisten Saussure aus Genf zusammen und den britischen Adel der *Grand Tour* mit den messenden Wissenschaftlern in den Gletschern des Mont Blanc Massivs.

Am 5. Januar 1798 wurde Jean-André Deluc Professor (Ordinarius) für Philosophie und Geologie in Göttingen und schon bei seiner Ernennung von King George III., dem Rektor der zum britischen Hannover gehörenden Universität, von allen damit verbundenen Verpflichtungen entbunden. Er brauchte nicht einmal seine Antrittsvorlesung zu halten und lebte niemals in Göttingen. Die Ernennung Delucs sollte ein Zeichen setzen gegen die Expansion französischer Wissenschaft auf dem Kontinent und die mosaische Sicht Delucs stärken. Aber der Schuss ging nach hinten los und wurde von den Ton angebenden Wissenschaftlern wie das letzte Aufgebot einer mit verrosteten Flinten kämpfenden Hinterwäldlertruppe nur noch müde belächelt. Jean-André Deluc war zwar der Namensgeber für Geologie, aber die Richtung bestimmten jetzt andere[77].

Ein Beispiel besonders bissiger Polemik bot der Astronom Franz Xaver von Zach in seinem schon bei Lord Bristol genannten Brief an den Zoologen Johann Friedrich Blumenbach in Göttingen vom 1. Februar 1798. Er hielt Deluc für übergeschnappt:

»Von De Luc habe ich aus Hanover einen Brief erhalten, der mich ins gröste Staunen versezzt hat. Um des Himmelswillen, was ist mit dem Manne vorgegangen; ist er Capuciner oder Dominicaner geworden? Er schreibt mir, er wäre Prof. ordin hist. et geologie geworden, um auf der Universität Göttingen den einreißenden Unglauben Einhalt zu thun, und die ofenbarung zu vertheidigen, der ganze Brief ist im Ton des Pater Abraham a Sa Clara geschrieben. Lauter Seufzer und Exclamationen, doppelt unterstrichen, *Moyse traité de Fabuliste*! er will alle bekehren, besonders die chymistes neologues, die er secta fatale nennt. Unser alter Freund De Luc ist nicht mehr bey Trost; ich glaube er ist nun vollends übergeschnappt; Sind Sie begierig seinen Brief zu sehen, so schike ich Ihnen solchen, er ist wahrhaftig merkwürdig, und ein wahres Acten Stück. in 100 Jahren, ist er goldeswerth, ich werde ihn auch sorgfältig aufheben. Was macht er denn in Hanovre? Den Spion, er schreibt, er hätte Aufträge von der Königin, sagt aber nicht de quelle Nature, er wird wohl wieder eine alte Kammer Jungfer zu transportiren haben!«

Der Inhalt des Briefes entspricht in seiner Intention Jean-André Delucs Veröffentlichung von 1798 *Sur l'histoire physique de la terre adressées à M. le professeur Blumenbach*. »Diese Briefe sind ein kompletter Abriss der Geologie«, wird er aus einem Brief im Vorwort zitiert, »ich würde sogar sagen, der physikalischen Theologie, in Übereinstimmung mit der Schöpfungsgeschichte, die die Ursprünge der Dinge bezeichnet, die die Menschen niemals ohne Offenbarung erfahren hätten, ich zeige die Absurdität und die Unwissenheit derjenigen, die diese Ursprünge ohne Intervention eines intelligenten Wesens erklären wollen«[78].

Zweiter Teil: Geologie und Wärme

Die größten Physiker unserer Zeit seien sich über die Natur des Feuers nicht einig, schrieb Marc-Auguste Pictet 1790 in der Einleitung zu seinem »Versuch über das Feuer«. Die Verwirrung in den Köpfen dieser nicht mehr nur spekulierenden, sondern experimentierenden Physiker lässt sich kaum knapper darstellen, als Pictet das gemacht hat:

»Einige halten es blos für eine Modifikation der Körper, oder für eine schwingende Bewegung der Elementar=Theile, die zusammen den sichtbaren Körper darstellen, und leiten die Veränderungen der Temperatur von der veränderten Stärke dieser Schwingungen her; nach andern aber ist das Feuer eine Flüssigkeit von eigener Art (*sui generis*), die leicht alle Körper durchdringet, unglaublich sich ausbreitet, und vermittelst ihrer Elastizität, oder einer andern Ursache, alle Körper, in die sie eingedrungen, in einen grössern Raum ausdehnet. Unter den Physikern, die das Feuer für eine eigene Substanz halten, sind einige, die es für ein allgemein verbreitetes elastisches Fluidum ansehen, das in Schwingungen versezt werden könne; und hieraus erklären sie seine hauptsächlichsten Wirkungen: Andere aber betrachten es als einen besondern stralenförmigen Ausfluß, der sich aus dem warmen Körper ergiesse, und nach gewissen Gesezen sich um ihn herum ausbreite. Einige behaupten, das Feuer habe keine Schwere; andere es sey so gar nicht schwer, daß es vielmehr die Körper durch seine Verbindung mit ihnen leichter mache; diese halten es für ein einfaches Wesen, für ein wahrhaftes Element: jene für zusammengesezt...

Ich meines Theils bin sehr geneigt, das Feuer mit einem der ersten Chemiker unserer Zeit, nicht nur für eine Substanz, sondern für das allgemein wirkende Wesen zu halten, welches das allgemeine Gesez der Verwandtschaft, nach dem sich die feinsten Theile der Materie zu ganzen Körpern zu vereinigen bestreben, ohne Aufhören abändert. Demnach stelle ich mir den nemlichen Körper bald in einem festen, bald in einem tropfbaren (*liquide*), bald elastisch=flüssigen (*fluide elastique*) Zustand vor, je nachdem die ausdehnende Kraft des Feuers in ihm kleiner, oder ebenso groß, oder größer ist, als die Verwandtschaft des Zusammenhangs seiner Elementartheile. Diese Idee scheint mir viel zu schön, und der Beschaffenheit der Phänomene und der Einfachheit der Natur viel zu angemessen zu seyn, als daß ich sie nur für eine Hypothese halten könnte.«[79]

Der »erste Chemiker unserer Zeit« war Lavoisier, und seine Idee war so verführerisch, dass sich ihr viele, darunter Spallanzani und Pictets Freund Saussure, schon früh anschlossen, der seine Physikvorlesungen an der Akademie von Genf danach ausrichtete. Auch Alexander von Humboldt und Sir James Hall gehörten zu den Anhängern Lavoisiers. Man könnte also glauben, das Problem der Wärme hätte sich damit für die geologisch tätigen Wissenschaftler dieser Generation erledigt. Aber so war es nicht. Die Chemie Lavoisiers alleine konnte vor allem die Phänomene von Wärme und Kälte in der Natur nicht befriedigend erklären, die auf die Wärmewirkung des Lichts zurückgehen. Die mit der Höhe abnehmende Temperaturen, die Vorgänge beim Erkalten der Lava und die damit verbundene Kristallisation, die Metamorphose des Gesteines unter Hitzeeinwirkung und Druck, das Gleiten der Gletscher auf ihrer Unterlage – bei diesen komplizierten Vorgängen wirkten die seltenen Erklärungsversuche mit Hilfe des Wärmestoffs oft verkrampft und weit hergeholt. Die meisten Geologen haben sich erst gar nicht auf sie eingelassen, sprachen schlicht von Wärme und Kälte und überließen es den Physikern, Licht ins Dunkel der inflationären Begriffe von Wärmestoff, Wärmeflüssigkeit, elastischer Flüssigkeit oder strahlenden Teilchen zu bringen.

In Genf war das anders. Dort spielten geologische und physikalische Interessen auf einem hohen Niveau zusammen, so dass die um zahlreiche Fragestellungen erweiterten Messungen im Gelände durch raffinierte Versuche im Labor ergänzt und bis hin zur theoretischen Positionierung erweitert wurden. Vorbild für diese Synthese in einem Strom mit mehreren Zuflüssen war Saussure, der u. a. Gesteine und Mineralien chemisch analysierte, die Schmelzpunkte von 120 Mineralien nach eigener Methode bestimmte und Sonneneinstrahlung und Luftfeuchtigkeit mit eigens konstruierten Geräten in großen Höhen gemessen hat. Der Physiker Pictet war der umtriebige Koordinator des Wissens um die Wärme. In seinem Labor stellte er vor großem Publikum schottische und englische Experimente nach und demonstrierte für ausländische Besucher seine eigenen und die seiner Genfer Kollegen. In der Ausrüstung seines *Cabinet de physique expérimentale* orientierte sich Pictet am Pariser *Abbé* Jean-Antoine Nollet (1700–1770), dessen Demonstrationen der Genfer Instrumentenbauer Jacques Paul während seiner Lehre beim Pariser Instrumentenbauer Jacques Canivet besucht hatte[80].

Gegen Ende des Jahrhunderts waren einige Ideengeber für eine auf Chemie und Physik basierte Geologie gestorben.

Fünf Tote und ihr Vermächtnis für eine wissenschaftliche Geologie: Lavoisier, Hutton, Saussure, Spallanzani und Black

Am 8. Mai 1794 starb Antoine Laurent de Lavoisier 50-jährig in Paris,
am 26. März 1797 James Hutton 70-jährig in Edinburgh,
am 22. Januar 1799 Horace-Bénédict de Saussure 58-jährig in Genf,
am 12. Februar 1799 Lazarro Spallanzani 70-jährig in Scandiano,
am 6. Dezember 1799 Joseph Black 71-jährig in Edinburgh.

Lavoisier hatte nicht nur als junger Mann ausgeprägte geologische Interessen. Er war mit Jean Guettard (1715–1786), der als erster die vulkanische Natur der Auvergne erkannt hatte, zur Erstellung eines mineralogischen Atlas Frankreichs im Regierungsauftrag unterwegs und veröffentlichte eine Untersuchung der Gipslager in der Umgebung von Paris. Noch kurz vor der Revolution beschäftigte er sich mit der Ablagerung von Sand und Muscheln durch die Bewegungen des Meeres schon ganz im Sinne der Charles Lyell vierzig Jahre später zugeschriebenen Aktualismustheorie geologischer Schichten, nach der die heute zu beobachtenden Veränderungen in gleicher Weise die gesamte Erdgeschichte prägten. Er konnte sie jedoch am 14. Juli 1789 nicht mehr der *Académie des Sciences* vortragen, so dass sie erst 1793, nur wenige Monate, bevor er guillotiniert wurde, mit der Ankündigung, weitere Details nachzuliefern, gedruckt vorlagen. Seine Ausführungen veranschaulichte er durch zahlreiche stratigraphische Schnitte[81]. Es waren seine frühen, von der Chemie inspirierten geologischen Untersuchungen, die ihn, der gerade mal 25 Jahre alt war, 1768 zu einem Mitglied der *Académie des Sciences* gemacht hatten. Während seiner geologischen Explorationen mit Guettard hatte er in zahlreichen Regionen Frankreichs Quellwasser aus verschiedenen Gesteinsschichten analysiert. 1767 war er, wieder mit Guettard, vier Monate in den Vogesen unterwegs. Danach hatte er sorgfältig gesammeltes Regenwasser, das Wasser der Seine und einiger Brunnen in einer nie da gewesenen Präzision analysiert und destilliert und war in sehr vorsichtigen Schlussfolgerungen zum Ergebnis gekommen, dass die alte Theorie van Helmonts und anderer, Wasser könne sich in Erde umwandeln könne, unwahrscheinlich sei.

Von der Arbeit der Bergleute hatte er sich die Kalzination, die Verbrennung von Metallen vorgenommen und dabei eine Erhöhung des Gewichts festgestellt – ein erster Hinweis, dass etwas nicht stimmen konnte mit der Phlogistontheorie der Verbrennung Geord Ernst Stahls. Wenig bekannt ist, dass Lavoisier 1772 eine ganze Reihe wohl definierter Gesteine im Ofen geschmolzen hat, verschiedene Quarze, darunter auch Achate, Jaspis und Feldspath, Tonerden und Kalksteine, Kreide und Gips, Turmaline, Asbest, und, was hier vor allem interessiert, Basalte aus Island und von den Vogesen. Schon nach weniger als 20 Minuten waren bräunliche oder schwarze Gläser entstanden, mit mehr oder weniger großen Einschlüssen von Luftblasen. Auch Porphyre und Granite waren unter starkem Feuer leicht zu schmelzen. Rubin, Saphir, Topas, Amethyst und andere Edelsteine brauchten sehr hohe Temperaturen[82].

Den meist nur als Chemiker wahrgenommenen Lavoisier muss man also schon früh zu der wachsenden Zahl feldforschender Geologen zählen, die Gesteine, Gewässer und schließlich auch Mineralien in ihrer chemischen Zusammensetzung verstehen wollten und sich mit der spekulativen Überfrachtung von oberflächlichen Erscheinungen mit ihren ins Kraut schießenden Erdtheorien nicht mehr zufrieden gaben. Seine ebenfalls spekulative Theorie des Wärmestoffs von 1780 wurde von den Geologen und Mineralogen kaum hinterfragt, weil sie in ein neues und überlegenes chemischen Systems eingebettet war. Der Entdecker der geometrischen Struktur der Kristalle und Analytiker ihrer chemischen Zusammensetzung zum Beispiel, René-Just Haüy, hat bis an sein Lebensende 1822 am *calorique* festgehalten, ohne dass er deswegen in Auseinandersetzungen verwickelt gewesen wäre. Er gehörte allerdings zu den wenigen Wissenschaftlern, denen der hypothetische Charakter des Wärmestoffs immer bewusst geblieben ist und der ihn nur als »geeignet zur Gestaltung der Phänomene« gesehen hat[83]. Der Wärmestoff war eine Krücke, die bei chemischen Reaktionen im Labor ganz ordentlich ihren Dienst versah, die aber für die komplizierten Phänomene eines Vulkanausbruchs oder die Bewegung der Gletscher versagen musste.

James Hutton's Idee, dass Kompression und Feuer am Ursprung jeder Gesteinsbildung stehen und dass Granit nicht einfach das Ergebnis einer sukzessiven Ablagerung auf dem Meeresgrund sein kann, wenn es sich zwischen die ihn überlagernden Schichten von Schiefer geschoben hat und ehemals waagrechte Schichten nun in allen denkbaren Winkeln zum Teil viele Tausend Fuß hoch angehoben, in gewalttätigen Aktionen zerbrochen und von gesteinsfremdem Adern durchzogen sind, war der Ausgangspunkt für eine Reihe weiterer Beobachtungen in Schottland.

Mit seinem jungen Freund Sir James Hall, der später nach experimentellen Beweisen suchen wird, und mit John Playfair (1748–1819), der die Theorie Huttons nach dessen Tod weiten Kreisen zugänglich machte, durchstreifte er Schottland auf der Suche nach Beweisen für seine Theorie. Playfair hat sich ebenso wie James Hall gegen Huttons Weigerung gewandt, seine Annahme einer Verflüssigung der Gesteine unter der Einwirkung von Kompression und Hitze im Erdinnern experimentell zu überprüfen. Hutton hatte seine Weigerung in *Theory of the Earth* von 1795 in einem abschätzigen und überheblichen Gestus ausgesprochen und seinen jungen Bewunderer Sir James Hall damit eingeschüchtert: »Sie urteilen über die großen Vorgänge im mineralischen Königreich, indem sie ein Feuer angezündet und auf den Grund eines kleinen Schmelztiegels geblickt haben«. Hutton glaubte einfach nicht daran, diesen gewalttätigen Kreislauf ständiger Gesteinsumwandlungen unter extremer Hitze und unvorstellbarem Druck simulieren zu können[84] (Abbildung 11, S. 74).

Sieben Monate vor seinem Tod hielt er endlich den sehnlichst erwarteten vierten Band von Saussures *Voyages dans les Alpes* in den Händen und durchforschte ihn auf Hinweise von Granit, der in darüber liegende Schichten eingedrungen war. Er fand nur einen und hatte viele erwartet. Hutton war bei seinen Nachforschungen in Schottland klar geworden, dass Granit nicht das ominöse Urgestein oder Primärgestein war, auf das alle anderen aufgelagert sind. Beim genauen Betrachten der Struktur des Granits erkannte er Anteile, die vorher »wie unterirdische Lava« flüssig gewesen sein mussten, weil sie zwischen die zerbrochenen Schichten eingespritzt worden waren[85] (Abbildung 12, S. 74).

In der Auseinandersetzung mit Hutton, der Wärme nicht als Stoff, sondern als Ergebnis von Anziehung und Abstoßung der mechanischen Dynamik Newtons auffasste und von Georg Ernst Stahls Erklärung der Verbrennung mit Hilfe des hypothetischen Phlogiston trotz Lavoisiers bestechender Sauerstofftheorie nicht loskommen konnte, wurde den Geologen die ganze Tragweite des noch unausgegorenen Verständnisses von Wärme in der Chemie und in der Physik schmerzlich bewusst. Sie mussten sich über die Quelle der enormen Hitze, die Steine schmelzen kann, klar werden und darüber, wie sich diese Wärme in variablen geologischen Schichten, in großen Eis- und Wassermassen und in der Luft verteilt. Das Verhältnis von Erdwärme zu Sonnenwärme wurde nach Saussure und Hutton zum beherrschenden Thema der Geologie[86].

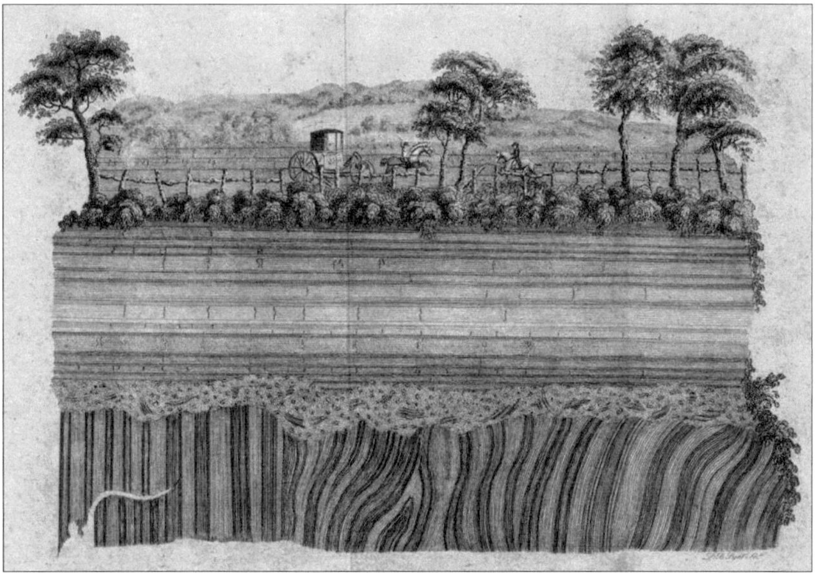

Abbildung 11: Idealtypische Darstellung einer Diskontinuität. Radierung von John Clerk of Elding. James Hutton, *Theory of the Earth*. Edinburgh 1788. Vol. 1, Plate 3. Text dazu S. 429 und 430. In den horizontalen Schichten in der Nähe von Jedburgh / Schottland wechseln sich Sandstein und Mergel oder auch ton- und glimmerartige Schichten ab. Sie werden an einigen Stellen von kleinen Adern oder Bruchstücken von Basalt und einigen kompakten Basaltbrocken durchquert. Die senkrechten Schichten nennt Hutton »alpine schistus«, Schieferlagen wie in den Alpen. In sie ist eine Granitader eingedrungen.

Abbildung 12: Intrusion von Granit (hell) in veränderte und teilweise zerstörte Kiesel- und Bandschieferlagen des Silur (vor ca. 430 Millionen Jahren). James Hutton, *Theory of the Earth*, Vol. 3, S. 58.

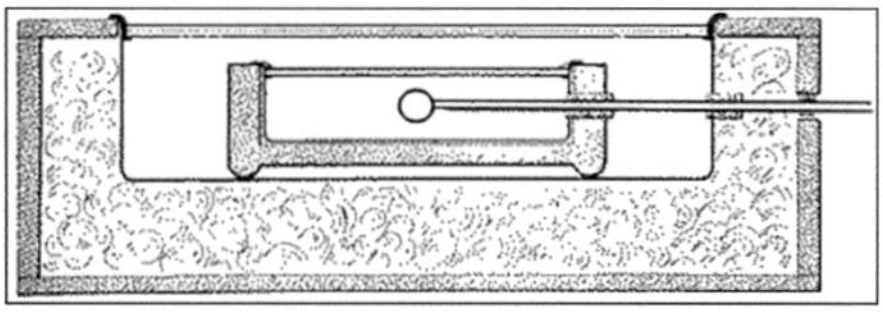

Abbildung 13: Schematischer Querschnitt von Saussures *boîte chaude*. Innen schwarz ausgeschlagen. Der grau aufgelockerte Rahmen besteht aus geschwärztem Kork. Eine Glasplatte schließt den weißen Behälter für das Eis ab. Im Innern ein weiterer, von einer Glasplatte abgeschlossener Behälter, in dem mit der Kugel eines Thermometers die Lufttemperatur in der Kiste gemessen wird. Aus: Georg Hofmann, Universität Utrecht. Science Blog, 25. Juni 2009.

Horace-Bénédict de Saussure war in Genf, zusammen mit seinem Freund Marc-Auguste Pictet, *die* Anlaufstelle für den wissenschaftlichen Alpentourismus. Als junger Mann hatte er sich schon für die in der Natur auftretenden Phänomene der Wärme interessiert und 1758 eine *Dissertatio physica de igne* (Physikalische Abhandlung über das Feuer) geschrieben mit der wichtigen Beobachtung, dass schwarze Körper wärmer werden als weiße, was die Bauern auf den Alpen praktizierten, indem sie schwarze Erde auf Schnee ausbreiten, um ihn schneller zu schmelzen[87]. Er baute 1767 fünf innen schwarz ausgeschlagene Kisten unterschiedlicher Größe mit Doppelverglasung und einführbarem Thermometer, seine *boîte chaude*, wie sie von Fourier später genannt wurde, oder auch *héliothermomètre* bzw. *thermomètre solaire* wie von Saussure selbst oder *capteur solaire* bzw. Sonnenofen wie heutzutage zur Messung der Wärmeentwicklung der Sonneneinstrahlung und stellte im Innern des Kastens eine deutlich höhere Temperatur als außen fest. Sein bestes Ergebnis in einer Kiste waren umgerechnet 108° C (Abbildung 13).

»Ich ließ also einen Kasten aus Tannenholz von einem Fuß Länge auf neun Zoll Breite und belangloser Tiefe machen; dieser Kasten mit einer Dicke von einem halben Zoll wurde im Innern gedoppelt von ein Zoll dickem schwarzem Kork. Ich hatte diese Rinde als leichtes und zugleich sehr komprimierbares oder auch für Hitze wenig durchlässiges Material gewählt. Drei Eisstücke, auf einem Schieber dicht in den im Abstand von eineinhalb Zoll voneinander plazierten Kork eingebracht, schlossen diese Schachtel nur ab, nachdem diese drei Eisstücke ganz hineingeschoben worden waren.

Damit die Sonne immer senkrecht auf diese drei Eisstücke traf, damit sie also mit dieser Maßnahme den größten Lichtreiz auf sie ausübte und die geringstmögliche Reflexion verursachte, achtete ich in meinen Experimenten darauf, dass ich mit meinem Kasten der Bewegung der Sonne folgte, indem ich ihn regelmäßig alle 20 Minuten drehte, so dass die Sonne genau den gesamten Boden des Kastens bestrahlte. Die größte Wärme, die ich dadurch erreichte, waren 87,7, das heißt fast 8 Grad über der Wärme kochenden Wassers«[88].

Für die Gradangaben hat Saussure die Réaumurskala benutzt. Das Eis wird unter der Sonneneinstrahlung in der mit Hilfe des Korks völlig abgedichteten Kiste geschmolzen, das Wasser erhitzt und die Temperatur der Luft mit einem im Innern unter einer Glasplatte platzierten Thermometer gemessen. In einer etwas abgewandelten Form mit drei zwischengeschalteten Glasplatten konnte Saussure 1774 in Vergleichsmessungen auf dem 2742 m hohen Gipfel des Grammont und an seinem 1228 m hoch gelegenen Fuß in Courmayeur im Aostatal zeigen, dass die Stärke der Sonneneinstrahlung unabhängig von der Höhe ist. Warum, so fragte er sich, ist es dann auf den Höhen der Berge kälter als unten in der Ebene? Seine Antwort: Weil die Luft in der Höhe transparenter ist als unten und sie daher von den Sonnenstrahlen weniger erwärmt werden kann[89]. Allerdings bezog er diese Transparenz nicht auf die Verdünnung der Luft, sondern auf Staub- und Wasserteilchen, die in der Luft schweben. Je klarer und weniger mit Aerosolen belastete Luft, desto tiefer blau bis nahezu schwarz erscheine der Himmel. Diese Transparenz hat Saussure mit einem Zyanometer, einem Farbenkreis aus abgestuften Blauwerten, gemessen und durch Messung der Luftfeuchtigkeit mit einem selbst konstruierten Haar-Hygrometer abgeglichen. Der unscheinbare Kasten eines Sonnenofens ist, neben seinem Messlabor unter freiem Himmel, die Hinterlassenschaft Saussures, die die größte Wirkung auf die Entwicklung einer wissenschaftlichen Geologie und einer dynamischen Wärmetheorie entfaltete.

Saussure hat sich neben seinem Hauptwerk *Voyages dans les Alpes* in weiteren Veröffentlichungen mit den Ursachen von Wärme und Kälte auseinandergesetzt. Noch kurz vor seinem Tod machte er sich über die Wärmemenge Gedanken, die zum Schmelzen von Eis und Schnee erforderlich ist, die die Arve speisen und sprach einmal mehr vom Wärmestoff, dem *calorique* Lavoisiers. Saussure hat unter den schwierigsten Bedingungen, unter anderem auf dem Gipfel des Mont Blancs 1787, Messungen durchgeführt und Luft von dort oben in großen Glasballons ins Tal gebracht. Er wurde mit seinem hartnäckigen Datensammeln und Erfinden robuster tragbarer Messgeräte zur Referenz für alle ihm nachfolgenden Geologen und Meteorologen. Zu den intensiven Reisevorbereitungen Humboldts in Salzburg während seines dortigen Winteraufenthalts gehörte deshalb auch die nochmalige Lektüre aller Werke Saussures[90].

Saussure hat schon 1779 versucht, Granite zu schmelzen. Er erwähnte ähnliche Versuche des Chemikers Jean d'Arcet und des Geologen Nicolas Desmarest mit Basalt und Granit und schlug vor, sie im Hochofen zu wiederholen, »weil man zweifelsohne in der Kunst zu produzieren, gemäß den Prinzipien der Materie Ähnliches sehen würde wie das, was die Natur uns darbietet«[91].

D'Arcet hat sich 1774 mit einer Versuchsreihe zur Gesteinsschmelze als Direktor der Porzellanmanufaktur von Sèvres zwischen Paris und Versailles empfohlen. Während Wedgwood in England sein »Basalt« genanntes schwarzes Steingut produzierte, war es in Sèvres auf Initiative des Chemikers Pierre-Joseph Macquer durch Zusatz von Kaolin ein blütenweißes Porzellan wie das chinesische und das Meißner Porzellan. Kaolin, eine aluminiumsilikathaltige Tonerde mit fein verteilten Feldspathkristallen, schmolz zwischen 1200° und 1400°Celsius, eine Temperatur, die auch Hall bei seinen Schmelzversuchen in einer Eisengießerei erreicht und manchmal übertroffen hat.

Der irische Chemiker und Geologe Richard Kirwan schmolz Minerale und Erden und polemisierte mit seinen Ergebnissen gegen Huttons Theorie eines feurigen Ursprungs des Granits. Sein Hauptargument: Wenn unterschiedliche Bestandteile in einem durch Hitze flüssig gemachten Stein während seiner Abkühlung auskristallisieren, müssten sie sie sich nach den Gesetzen der Schwerkraft getrennt voneinander in klar definierten Schichten ablagern, ähnlich wie die Kristalle in einer sich abkühlenden Lösung verschiedener Salze. Im Granit aber lasse sich keinerlei Schichtung erkennen. Daher kann er bei seiner Entstehung auch nicht flüssig gewesen sein[92]. Ihm fehlte Phantasie oder Wille, sich in den tumultarischen Ablauf von Vulkaneruptionen hineinzudenken, bei dem die von ihm angesprochenen Gesetzmäßigkeiten der Trennung nach spezifischem Gewicht ganz anders als in den ruhigen Bahnen einer Auskristallisierung in stehendem Gewässer wirksam werden.

Über *Lazzaro Spallanzani* als Opfer der französischen Besatzung in Norditalien habe ich schon berichtet. Dieser beinahe idealtypische Naturwissenschaftler des 18. Jahrhunderts, der auf vielen Feldern bewandert war und mit Experimenten zur Fortpflanzung von Tier und Pflanze von sich

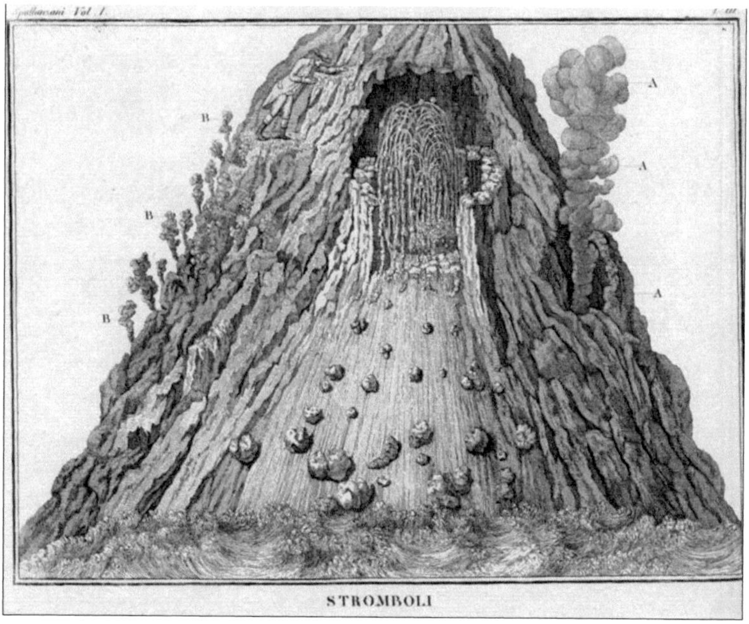

Abbildung 14: Stromboli Ausbruch. Lazzaro Spallanzani, Viaggi alle due Sicilie e in alcune parti dell' Appennino. Milano 1825–1826. Vol. 1. In dem tollkühnen Beobachter hat sich Spallanzani selbst verewigt. Erklärung im Text.

reden machte, hat in der Geologie ein Vermächtnis hinterlassen, das sich hauptsächlich in den fünfbändigen *Reisen in beyde Sizilien und in einige Gegenden der Appenninen* niedergeschlagen hat. Von dort hatte er 1790 die verschiedenen Basaltproben mitgebracht, die ihm die Requisiteure der französischen Besatzer in Pavia entwendet haben.

Er hat die Ausbrüche des Stromboli 1788 mit seinen Explosionen im Minutentakt, seinen Lavaströmen und meilenweit geschleuderten Lavabomben und die drei sehr großen und 150 kleinen Rauchsäulen ganz aus der Nähe so exakt beschreiben, dass sich George Poulett Scrope 37 Jahre später in seiner revolutionären Vulkantheorie auf sie beziehen konnte. Hier ein Ausschnitt aus Spallanzanis Beobachtungen, ein schönes Beispiel für wissenschaftliche Naturpoesie (Abbildung 14):

»Bis zu einer gewissen Höhe ist der Krater mit einer flüssigen glühenden Materie angefüllt, die wie geschmolzenes Erz aussieht, und nichts anderes ist, als flüssige Lava. In dieser Lava finden, wie sich deutlich wahrnehmen läßt, zweyerley Bewegungen statt, eine innere wilde und tumultuarische, und eine andere, welche die geschmolzene Lava nach oben treibet; und diese verdient die genaueste Aufmerksamkeit. Sie wird bald mehr, bald weniger schnell nach dem Krater zu getrieben. Ist sie bis zu einer Entfernung von fünf und zwanzig bis dreyßig Fuß von dem obern Saume des Kraters gelangt, so läßt sie sogleich einen Knall hören, der dem nicht unähnlich ist, den der sehr kurze Donnerschlag verursacht, und in dem Augenblicke wird eine Quantität in tausend Stücke zertheilte Lava, begleitet mit einem Ausflusse von Rauch, Funken und Sand, mit unbeschreibllicher Geschwindigkeit in die Höhe geschleudert.

Einige Augenblicke nach dem Knalle bläßt sich die Oberfläche der Lava in großen Blasen auf, wovon manche einen Durchmesser von einigen Fuß haben, und diese Blasen bersten bald nachher, und, indem sie bersten, entsteht die Detonation und der Hagel. Es erfolgt die Explosion, die Lava innerhalb des Kraters sinket zusammen, erhebet sich aber bald wieder, wie vorher, es entstehen neue Anschwellungen, ein neues Bersten, neue Explosionen. Wenn die Lava sich senket, so erregt sie keines oder nur ein geringes Geräusch. Erhebet sie sich aber, und vor allem fängt sie an, sich in Blasen auszudehnen, so läßt sie im Großen jenes Lärmen hören, das von einer Flüssigkeit entsteht, die unaufhaltsam in einem Gefäße kocht«[93].

In einem Zeitalter, in dem sich Physiker und Chemiker mit der Analyse von »luftförmigen Flüssigkeiten« beschäftigen, genüge es allerdings nicht, Gase in den geschmolzenen vulkanischen Produkten anzunehmen, man müsse sie nachweisen. Im Kapitel *Natur der Gasarten der Vulkane* machte er vor, wie man durch Destillation pulverisierter vulkanischer Gläser und Laven »im Glasofenfeuer« von Pavia die Gase der Eruption untersuchen kann, und er vermutete bei den gewalttätigsten Explosionen Wasserdampf aus Seewasser in »unterirdischen verborgenen Verbindungen« als Ursache und nennt als Beispiel für dessen zerstörerische Wirkung die Explosion einer Glockengießerei in Bologna, bei der das geschmolzene Metall in eine nicht richtig durchgetrocknete Tonform gegossen worden war. Im Glasofen beobachtete er, wie sich Wasser verhält, wenn es auf heiße Metalle und Laven gegossen wird. Eine Beteiligung des Wärmestoffs bei den Eruptionen schloss er nicht aus. Er verhalte sich nach Lavoisier jedoch wie eine gewöhnliche elastische Flüssigkeit, die das durchbreche, was sich ihr widersetze. Er sehe nicht ein, »welchen unmittelbaren Einfluß derselbe auf das Auswerfen der Vulkane haben sollte«, eine klare

Weigerung, die Interpretation vulkanischer Phänomene durch einen Wärmestoff komplizierter zu machen als sie ohnehin schon war[94].

Am Vesuv kamen ihm Ideen, wie man messen könnte, wenn man entsprechend ausgerüstet wäre, zum Beispiel mit einem Wedgwood-Pyrometer in aberwitziger Verwendung an einer eisernen Kette im Lavastrom oder eingeschlossen in einer dicken eisernen Kugel, um die innere Wärme der Lava zu messen.

»Die Unschmelzbarkeit des Eisens in dem gewöhnlichen Feuer unserer Oefen schien mir Bürge zu seyn, dass jene Kugel der Glut der geschmolzenen Lava widerstehen würde. Und hätte sich das Gegentheil zugetragen, so würde ihr Schmelzen die Stelle des Thermometers vertreten, und zu einem schönen Beweise für den außerordentlich heftigen Grad ihrer Erhitzung gedient haben«[95].

Die Temperatur der Lava beim Austritt schwankt je nach Beschaffenheit zwischen 800 und 1200° C., der Schmelzpunkt des Eisens beträgt 1538° C. Spallanzani wäre mit Eisenkette- und -kugel wohl zurechtgekommen und hätte sich erst einmal mit solchen groben Anhaltspunkten zufrieden geben müssen.

Angeregt durch die Erlebnisse am Vesuv hat er im Dezember 1791 und Januar 1792 verschiedene Steine im Ofen gekocht, darunter Laven und Granite, immer noch ohne Temperaturmessung und ohne eine geologische Leitidee, die zur gleichen Zeit am Anfang der Versuche von James Hall gestanden hatte[96].

Der erkrankte *Joseph Black* hielt bis 1797 immer noch seine viel besuchten chemischen Vorlesungen an der Universität von Edinburgh, an der er nach seiner Medizinprofessur in Glasgow seit 1766 Professor für Medizin und Chemie geworden war. Black prägte den Begriff der latenten Wärme, als er beim Schmelzen von Eis keine Erhöhung der Temperatur, aber eine Vermehrung des Wassers feststellte, und beim weiteren Erhitzen kochenden Wassers eine Vermehrung des Dampfs, aber keine Erhöhung der Temperatur des Wasser-Dampf-Gemisches. Blacks Freund James Watt konnte mit diesem Wissen den Wirkungsgrad und die Sicherheit gegenüber der bei Siedeverzug nicht selten explodierenden Newcomen'schen Dampfmaschine deutlich verbessern. In seinen Vorlesungen wandte er seine Entdeckung der latenten Wärme mit Vergnügen auf den Wärmekreislauf der Erde an. Während des Sommers werde im Wasser ein ungeheurer Vorrat an Wärme gespeichert, der im Winter bei Gefrieren zu Eis allmählich freigesetzt werde und so zur »Minderung der tödtlichen Kälte« beitrage, wie der Herausgeber der Vorlesungen, John Robison, im Vorwort schreibt.

Als Black mit Substanzen experimentierte, die wie Harz oder Siegellack bei Erhitzen erst allmählich von einem festen in den flüssigen Zustand übergingen, hatte er die unterschiedliche Zeitdauer festgestellt, in der sich die beiden Substanzen verflüssigten. Bei Abkühlung verglich er die Temperatur des flüssigen Harzes mit Öl im gleichen Gefäß und bemerkte »von Anfang an einen sehr verschiedenen Fortgang der Abkühlung«. In diesem Temperaturunterschied bei gleicher Ausgangstemperatur vor dem Abkühlen sah Black die spezifische Wärme der beiden Flüssigkeiten. Er bezeichnet die Wärmemenge, die ein Körper bei Temperaturänderung aufnehmen oder abgeben kann. Heute spricht man von spezifischer Wärmekapazität und definiert sie als diejenige Wärmemenge, die erforderlich ist, um die Temperatur eines 1 kg schweren Körpers um 1° Celsius zu ändern. Black hatte mit seiner Beobachtung auch geklärt, dass Temperaturmessungen lediglich einen Zustand beschreiben, aber nichts über die gespeicherte Wärmemenge eines Körpers aussagen, die diesem Zustand entspricht.

Für Blacks Freund James Hutton diente die latente Wärme in seiner Theorie zur Erklärung der Verflüssigung, die spezifische zur Erklärung der Volumenveränderung der Gesteine.

Da Black nur ganz selten etwas veröffentlichte, sind seine Vorlesungen oft die einzige Quelle, aus der seine Gedankengänge erschlossen werden können. Sie wird der erste Generalsekretär der *Royal Society of Edinburgh*, der Physiker John Robison (1739–1805), in zwei Bänden 1803 mit einer geschwätzigen Vorrede herausgeben, mit den Experimenten zur latenten Wärme von 1762 im ersten Band. Robisons Kommentare zeigen seine Reserve gegenüber Lavoisier und der französischen Schule, die nicht nur aus wissenschaftlichen Vorbehalten gespeist war.

Robison verabscheute die Französische Revolution und sah überall zersetzendes Unkraut wachsen. 1797 verfasste er das Standardwerk der Verschwörungstheorie, das noch heute allen Paranoikern als Vorbild dienen könnte: *Proofs of a Conspiracy against all the Religions and Governments of Europe, carried on in the Secret Meetings of Free-Masons, Illuminati and Reading Societies*, ein Freibrief zur Jagd auf alle widerständigen Geister. In Neuengland löste es eine Illuminatenpanik aus, und das *College of New Jersey*, Vorläufer der *Princeton University*, machte Robison zum Ehrendoktor. Auch Preußen reagierte und erließ im Oktober 1798 ein Edikt, das bis auf drei alle Freimaurerlogen und geheime Verbindungen verbot.

Einige Experimente zur Natur der Wärme

Selbst wenn die Messergebnisse in Experimenten zur Wärme nicht zu bezweifeln waren, blieben ihre Voraussetzungen und Interpretationen umstritten. Sie waren auch für feldforschende Geologen nur eine verschwommene Folie aus einander sich widersprechenden Meinungen, der sie sich als in allen Bereichen der Naturkunde wohl informierte Wissenschaftler kaum entziehen konnten. Die eine oder andere Interpretation stand bewusst oder unbewusst Pate bei der Beurteilung geologischer Phänomene im Gelände, bei Vulkanausbrüchen, der Gletscherbewegung, der Entstehung von Mineralien und Gesteine und bei der Bewertung meteorologischer Daten.

Ich habe solche Experimente ausgewählt, die die Diskussionen um die Natur der Wärme und die Versuche, sie begrifflich zu fassen, so klar beschreiben, dass ihre Elemente in den Theorien der Geologen wieder zu erkennen sind, selbst wenn sie nicht, wie häufig der Fall, ausdrücklich darauf zu sprechen kommen. Allen Schwüren auf Wissenschaftlichkeit zum Trotz, konnten sie in dieser frühen Phase einer rationalen Geologie den unausgegorenen Grundlagen und einem Wald von sperrigen Begriffen am besten durch Vermeiden einer Diskussion um die Natur der Wärme und durch einen spekulativen Überschuss entkommen.

Sir James Hall, obwohl ein dezidierter Anhänger der Theorie vom Wärmestoff, beherrschte beides meisterhaft, die Vermeidung der Diskussion über Wärme und die Spekulation auf der Grundlage seiner Schmelz- und Kompressionsversuche vor dem Hintergrund der Theorie Huttons. Saussure vermied diese Diskussion nicht. Im Kapitel über die Ursache der Kälte, die in den Bergen herrscht, referiert er ausführlich die Auffassungen von Johann Heinrich Lambert (1728–1777) und Jean André Deluc, gleicht sie mit denen von Lavoisier ab und positioniert sich mit einem eigens durchgeführten Experiment[97], das die Beteiligung von Licht an der Produktion von Wärme klären soll. Er macht es zusammen mit Pictet und seinen beiden Spiegeln und kann nur nachweisen, dass Wärme auch ohne Licht reflektiert wird, die »dunkle Wärme«, aber über die dahinter steckende Theorie keine endgültige Aussage treffen, weder über die »Quantität des Feuers«, die verschwindet, wenn die Wärme aufsteigt, noch über sein Gewicht und seine Verbindung mit der Luft. Saussure irrt etwas hilflos durch die angebotenen Theorien und klammert sich letztlich an seine Temperaturmessungen, die die größere Kälte in den Bergen belegen, und an sein Experiment mit dem *Héliomètre*. Diese Ergebnisse sind eindeutig: es ist die Luft, die kalt ist, und die Sonnenstrahlen sind im Tal und auf den Bergen gleich stark, wenn ihre Kraft nicht von Dünsten geschmälert wird.

Wärme möglicherweise ein Stoff: Experimente von Lavoisier und Laplace

Obwohl man inzwischen einiges über die Ausdehnung von Flüssigkeiten unter dem Einfluss von Wärme wisse und Temperaturen ausreichend exakt messen, den Gefrier- und Siedepunkt des Wasser bestimmen könne, sei man noch weit davon entfernt, die Gesetze zu kennen, nach denen sich die Wärme während ihrer Verteilung in den Körpern verhält, schrieben Antoine Laurent de Lavoisier (1743–1794) und Pierre – Simon de Laplace (1749–1827) in ihrer Vorstellung einer neuen Methode zur Messung der Wärme[98]. Man habe vor allem keine Vorstellung davon, was in Körpern mit unterschiedlicher Ausgangstemperatur vor sich gehe, wenn sich ihre Temperaturen angleichen oder wenn sie sich verbinden und in Mischungen zu neuen Körpern kombinieren.

Sie kannten natürlich die latente und spezifische Wärme Joseph Blacks, wussten, dass bei einem Wechsel des Aggregatzustandes von fest nach flüssig, von flüssig nach gasförmig, eine große Menge Wärme absorbiert wird, und dass gleich große Körper von unterschiedlicher Materie bei gleicher Temperatur verschieden große Mengen an Wärme enthalten. Sie definieren eingangs drei Begriffe, um ihren Experimenten eine klare analytische Basis zu verschaffen: freie Wärme, Wärmekapazität, spezifische Wärme der Körper.

Diejenigen Physiker, meinen Lavoisier und Laplace, die Wärme als eine in der gesamten Natur verteilte Flüssigkeit betrachten, gehen davon aus, dass Wärme nur in seiner freien Form agieren kann, nicht aber, wenn sie in den Körpern verschwindet und dort als Temperatur gemessen wird. Andere Physiker denken, dass Wärme nichts anderes ist als eine unmerkliche Bewegung der Moleküle der Materie, in deren Zwischenräume die Wärme oszilliert und die Moleküle bei Überschreiten eines bestimmten Punktes zerlegt. Diese Bewegung unterliegt dem Gesetz der Erhaltung der lebendigen Kraft. Das heißt nach Newton, dass in einem System von Körpern, die untereinander agieren, das Produkt aus jeder dieser Massen und dem Quadrat ihrer Geschwindigkeiten konstant ist. Angenommen, zwei Körper unterschiedlicher Temperatur wirken aufeinander, dann finden die schwächeren Bewegungen des kälteren und die stärkeren des wärmeren ein neues Gleichgewicht: die des kälteren nehmen zu, die des wärmeren ab, bis beide mit dem gleichen Bewegungszustand die gleiche Temperatur erreicht haben.

Lavoisier und Laplace wollten keiner der beiden genannten Hypothesen den Vorzug geben, aber sie lassen doch durchblicken, dass sie mit der Kombination beider liebäugeln. Mit der zweiten der sich bewegenden Moleküle kann man Wärme durch Reibung leicht erklären und auch, warum der Impuls der direkten Sonneneinstrahlung verschwindend gering ist, obwohl sie eine große Wärme erzeugt. Ihr Impuls ist das Produkt ihrer Masse multipliziert mit ihrer Geschwindigkeit. Die Masse der Sonnenstrahlen ist aber so gering, dass trotz ihrer hohen Geschwindigkeit das Produkt aus Masse und Geschwindigkeit nahezu null ist. Der Impuls auf einen weißen Körper ist erheblich höher als der auf einen schwarzen, weshalb der eine reflektiert und der andere alle Strahlen absorbiert. Mit der ersten Hypothese, Wärme sei eine Flüssigkeit, sind die Wirkungen bei der Kombination verschiedener Substanzen besser zu verstehen, aber man weiß nicht von vorne herein, ob die freie Wärme nach der Verbindung die gleiche wie davor geblieben ist.

Aber wie die beiden Hypothesen einigermaßen widerspruchsfrei zusammenbringen? Zwei in eins lautet dann so: statt »freie Wärme, gebundene Wärme und entbundene Wärme« jetzt »lebendige Kraft, Verlust an lebendiger Kraft und Steigerung der lebendigen Kraft«, eine Verwandlung, in der die Rolle der Wärme als Energieträgerin aufscheint. Da sie über die Natur der Wärme keine Aussage treffen können, bleibt ihnen nur die Messung ihrer Effekte. Sie wählen denjenigen, der bei Änderung der Intensität der Wärme immer proportional bleibt, vom schmelzenden Eis bis zum kochenden Wasser, und sie messen die Temperatur mit einem Quecksilberthermometer in der Skala von Réaumur: null Grad bei schmelzendem Eis, achtzig Grad bei kochendem Wasser.

Es ging nicht nur um die einfache Mischung von Substanzen mit unterschiedlicher spezifischer Wärme und verschiedener Ausgangstemperatur. Lavoisier und Laplace wollten auch die Wärmeentwicklung bei chemischen Reaktionen untersuchen. Sie dachten sich eine Versuchsapparatur auf der Basis von Eis aus, das sie der Wärmeentwicklung der zu untersuchenden Substanzen aussetzten und die Tropfen des Schmelzwassers auffingen und abwogen. Das, so ihre Annahme, wäre ein geeignetes Maß für die auf das Eis einwirkende Wärmemenge. Sie mussten nur warten, bis das Untersuchungsobjekt, sei es Flüssigkeit oder Festkörper, in der direkten Umgebung von Eis ebenfalls zu Eis erstarrt war, als Zeichen, dass er seine gesamte Wärmemenge verloren hatte. Die Wärmemenge, die das kalte Eis von der wärmeren Substanz absorbiert hatte, war dann proportional zur Menge des Schmelzwassers. Mit ihrem Apparat konnten sie »alle Phänomene, in denen es eine Entwicklung oder eine Absorption von Wärme« gibt, untersuchen und in einer allen »gemeinsamen Einheit« ausdrücken und so miteinander vergleichen.

Der Eiskalorimeter (Abbildung 15, Fig. 1 von außen, Fig. 3 im Schnitt) mit schwarz gestrichenem Kessel aus Weißblech von rund 50 cm Durchmesser besteht aus einem inneren, einem mittleren und einem äußeren

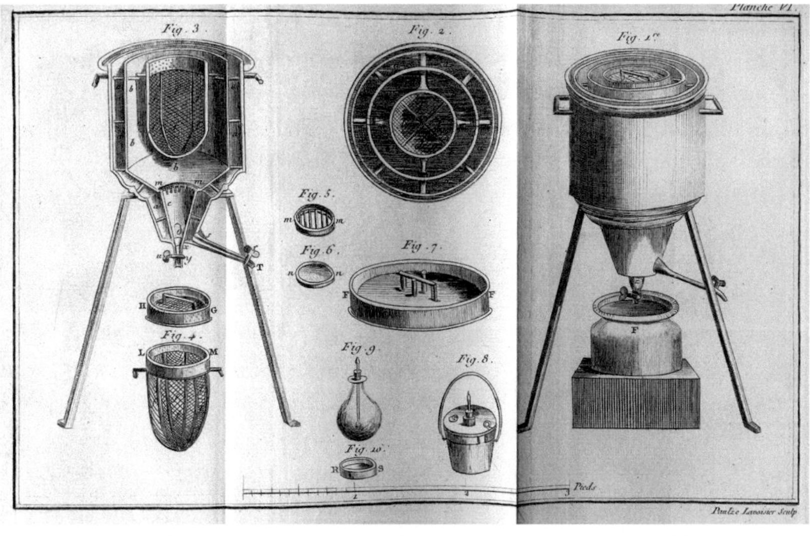

Abbildung 15: Eiskalorimeter von Lavoisier und Laplace aus *Traité élémentaire de chimie*. Band 1. Paris 1793. Erklärung im Text.

Raum. Der innere wird aus einem oben offenen Blechgitter gebildet, in das die zu untersuchenden Körper eingebracht werden. Der mittlere ist für das Eis vorgesehen, das von der Untersuchungssubstanz geschmolzen werden muss. Von das aus fließt das Schmelzwasser durch das Gitter am Boden in den Konus und durch das Rohr (x, y) mit dem Hahn (u) in den Behälter. Der äußere enthält das Eis, mit dem nur die Umgebungswärme

von der Versuchsanordnung abgehalten werden soll. Das bedeutungslose Schmelzwasser des Außenraums (a) fließt durch den Kanal (T) ab.
Die Ergebnisse, die sie erzielten, sahen z.B. so aus: »die zum Schmelzen des Eises notwendige Wärme entspricht drei Viertel der Wärme, die eine gleich große Menge Wasser von der Temperatur des schmelzenden Eises auf diejenige kochenden Wassers anheben kann«. Nach der Untersuchung weiterer Substanzen erstellten sie eine relative Tabelle der spezifischen Wärme und setzten die des Wassers gleich 1, Schmiedeeisen z. B. hatte den Wert 0,109985 und Quecksilber 0,029, d.h., man brauchte für Schmiedeeisen nur rund 11% der Wärmemenge, die man für Wasser aufwenden musste, um seine Temperatur um ein Grad Celsius zu erhöhen. Sie strebten hier die größtmögliche Genauigkeit an, denn auch eine nur geringe Abweichung von den tatsächlichen Werten hätte für die Berechnung der »absoluten Wärme« aller Wärmemengen, die in einer Reaktion zwischen Substanzen wirksam werden, große Auswirkungen gehabt. Das gleiche galt für die Messung der Bindungswärme von Oleum (hochkonzentrierte Schwefelsäure) mit Wasser oder für die von Wasser mit ungelöschtem Kalk. Hier erfolgte die Maßangabe nach Gewicht des Schmelzwassers in Bruchteilen eines Gramms. Sie machten sogar Versuche mit explodierendem Schwarzpulver und hielten auch die jeweils erreichten Temperaturen fest.

Woher absolute Werte nehmen? Sie verbanden in einer Formel, und das war für den Mathematiker Laplace nicht schwer, die gemessenen Temperaturen mit den gemessenen Werten für die spezifische Wärme und denen bei den chemischen Reaktionen gemessenen für die absorbierte bzw. abgegebene Wärme. Ihre aufwendigen Experimente hatten sie jedoch keinen Schritt näher an eine Theorie der Wärme gebracht. Die aufgestellten Formeln waren lediglich Beziehungen zwischen Messergebnissen, keine theoretische Verallgemeinerung. Das *calorique*, der Wärmestoff, erlebte seine Geburt erst in den 1789 veröffentlichten *Traité élémentaire de chimie*. Der Wärmestoff war als Ersatz für sämtliche in der Physik und Chemie gebräuchlichen Bezeichnungen für diese »höchst elastische Flüssigkeit« gedacht und Ausfluss der Arbeiten an einer neuen chemischen Nomenklatur, die Lavoisier zusammen mit de Morveau, Berthollet und Fourcroy unternommen hat. Man könne den Wärmestoff an jede mögliche Auffassung anpassen, »wir sind nicht einmal verpflichtet anzunehmen, dass der Wärmestoff eine wirkliche Materie ist: es genügt...dass er irgendeine abstoßende Kraft ist, die die Moleküle der Materie auseinander treibt, und man so die Wirkungen abstrakt und mathematisch angehen kann«, wie sie das in den Experimenten mit dem Eiskalorimeter vorgeführt haben[99]. Seine Anhänger haben diese deutliche Einschränkung auf eine Hilfskonstruktion zur mathematischen Bearbeitung der Effekte schnell vergessen und waren zunehmend davon überzeugt, dass es sich tatsächlich um einen Stoff handelt. Pictet z. B. fand die Vorstellung von einem Wärmestoff schon kurz nach ihrer Veröffentlichung zu schön, um nur eine Hypothese zu sein. Vielleicht hat Lavoisier selbst zu dieser Verwirrung beigetragen, denn an einigen Stellen seines *Traité élémentaire de Chimie* von 1789 spricht er von »Molekülen des Wärmestoffs«, so als hätte er sich doch dazu entschieden, die Wärme als eine Substanz unter vielen aufzufassen.

Wärme strahlt – strahlt Kälte? Experimente von Pictet

Pictet hatte schon eine ganze Reihe von Experimenten zur Reflexion von Wärmestrahlen durchgeführt, als er von seinem Mathematikerkollegen Bertrand gefragt wurde, ob auch Kältestrahlen reflektiert werden. Pictet: »Ich antwortete frech, das werden sie nicht; dass die Kälte nichts weiter wäre als das Fehlen von Wärme, und dass eine Negation nicht reflektiert werde«[100] (Abbildung 16). Sie machten das Experiment zusammen.

Abbildung 16: Skizze von Marc-Auguste Pictet zu seinen Versuchen über die Reflexion von Wärmestrahlen. Bibliothèque britannique, Sciences et arts. Tome 4, 1797. S. 129. Erklärung im Text.

Wie bei den Experimenten zur Reflektion der Wärmestrahlung stellten sie zwei Hohlspiegel aus Zinn im Abstand von rund 3 ½ Meter einander gegenüber, im Brennpunkt des einen war ein Thermometer, in dem des anderen ein mit Schnee gefüllter Glaskolben. Das Thermometer fiel um einige Grade und stieg nach Entfernen des Kolbens wieder an. Mit Salpetersäure übergossen, von der man wusste, dass sie den Gefrierpunkt absenkt, fiel das Thermometer im Brennpunkt noch fünf bis sechs Grad tiefer ab. Salpetersäure schmilzt schon bei minus 42 Grad Celsius. Mit einer Kerze statt eines schneegefüllten Glaskolbens im Fokus und einer Glasscheibe im Strahlengang konnten sie zeigen, dass Licht ungehindert die Glasscheibe passiert, aber ein größerer Teil der Wärmestrahlung abgehalten worden war. Mit einem Kolben kochenden Wassers oder einer heißen Kugel im Brennpunkt des einen Spiegels und eines Thermometers im Brennpunkt des anderen war das Thermometer einige Grad über die Zimmertemperatur gestiegen.

Die Ergebnisse der Experimente waren eindeutig, ihre Interpretation schwierig. Vergleichsweise leicht zu verstehen war das Lichtexperiment. Die Strahlen waren eine Mischung aus Wärmestrahlung und Licht. Hat das Kälteexperiment die Frage geklärt, ob es Kältestrahlung gibt? Es gibt sie nicht, war Pictets verblüffende Antwort. Das Experiment sei vielmehr der endgültige Beweis für die Existenz einer Wärmestrahlung, denn er hatte bewiesen, dass man eine Kältestrahlung zur Erklärung von Kälte nicht braucht. Die Begründung lieferte er in einem Gedankenexperiment:

Platzieren wir einen Thermometer, der die Temperatur des Zimmers anzeigt, wie gehabt in den Fokus eines der beiden Spiegel. Stellen wir uns vor, dass sich im Fokus des zweiten Spiegels eine kleine Menge Luft von Zimmertemperatur befindet. Nichts wird passieren, denn alles befindet sich im Gleichgewicht, Thermometer, Zimmer und Spiegel haben dieselbe Temperatur. Pictet spricht von einer »potentiellen tension«, einer Spannung des Gleichgewichts. Wenn wir jetzt in den Fokus des zweiten Spiegels einen Körper platzieren, der kälter ist als die Umgebungstemperatur, wie Schnee oder Eis »von der Eigenschaft, die Spannung des Feuers vollkommen zu zerstören, die bei ihm ankommt«, dann wird aus der potentiellen Spannung des Gleichgewichts eine aktuelle des Ungleichgewichts. Jetzt wird es ein bisschen kompliziert, weil Pictet die Wärme des Zimmers, in dem die Spiegel stehen, mit in seine Überlegung einbezieht:

»Die Anwesenheit des kalten Körpers wird eine Art Schlund für die Wärme des ganzen Zimmers öffnen, er wird eine gewaltigere Menge Wärme absorbieren als das Thermometer, die bei diesem wie durch einen Trichter ankommen wird, in Anbetracht dessen, dass der Spiegel A ungefähr ein Drittel der Wärmeausstrahlung des Thermometers empfängt und sie zum Spiegel B reflektiert, wo sie sich vollständig im Schnee des Glaskolbens am Brennpunkt verlieren wird. Diese Art, die Wärme im Thermometer anzuheben, ist, verglichen mit dem direkten Effekt des gleichen Schneevolumens auf 30 Fuß Entfernung, von extrem großer Wirksamkeit; man hat hier denselben Nutzen, um die Wärme des Thermometers zu absorbieren, die man hätte, wenn man sie steigen ließe, also wenn man im Brennpunkt des Spiegels B, statt eines kälteren Körpers als er selber, einen wärmeren lege, und die mit dem Schnee gemachte Erfahrung unterscheidet sich nicht grundsätzlich von der mit der Kugel oder dem mit kochendem Wasser gefüllten Kolben, sondern nur durch die Richtung, in der sich die Wärmeausstrahlung bewegt«.

Diese etwas gewundene Erklärung sieht um die Zimmerwärme bereinigt und auf die Reflexion der beiden Spiegel konzentriert so aus: ist ein warmer Körper im Fokus B, geht die Wärme von da zum Thermometer im Fokus A, ist er kälter, geht die Wärme vom Thermometer zum kalten Körper, der sie bei sich behält, weshalb die Temperatur im Thermometer sinkt. Das gilt auch, sagt Pictet, wenn man annimmt, dass Wärme nicht strahlt, sondern sich als Schwingungen in einer elastischen Flüssigkeit ausbreiten. Sie würden dann wie Schallwellen reflektiert werden.

Es ist ein bisschen paradox. Die vor den Experimenten gemachte Antwort an Bertrand, Kälte strahle nicht, sie sei die Negation der Wärme, taucht hier in völlig veränderter Form wieder auf. Alles ist Wärmestrahlung, die bei Kälte nur die Richtung ändert, wobei die Wärme von der Kälte in einem Schlund »verschluckt« wird. Also keine Kältestrahlung. Pictets Interpretation seiner Messdaten war zwar einleuchtend und nach heutigem Wissen sogar thermodynamisch korrekt – alle Wärme fließt nur in Richtung der geringeren Temperatur, aber sein Kollege Prévost hielt sie für falsch (siehe unten). Mit dem Bild von Kälte, die Wäreme verschluckt, konnte man sich ganz gut vorstellen, wie die Sonnenwärme vom Gletscher verschluckt wird und warum sich die klare und dünne Luft in großen Höhen nicht erwärmt.

Pictet hat es nicht bei dieser einfachen Versuchsanordnung bewenden lassen. Er konstruierte eine raffinierte Apparatur aus der Kombination von Hygrometer, Barometer, Thermometer und Manometer, mit der der Wärmetransport durch verschiedene Medien einschließlich des Vakuums synchron gemessen werden konnte. Ich schildere den Aufbau des Gerätes etwas genauer, um die Sorgfalt zu dokumentieren, mit der Pictet an seine Messungen herangegangen ist (Abbildung 17, S. 90).

Auf der Abbildung ist Figur 1 die vergrößerte Darstellung der sich in Figur 2 im Innern des Glasballons befindlichen Thermometers, Barometers und Hygrometers. Die Kugel T des Thermometers in Figur 1 kann klar oder mit Ruß geschwärzt im Experiment eingesetzt werden und wird

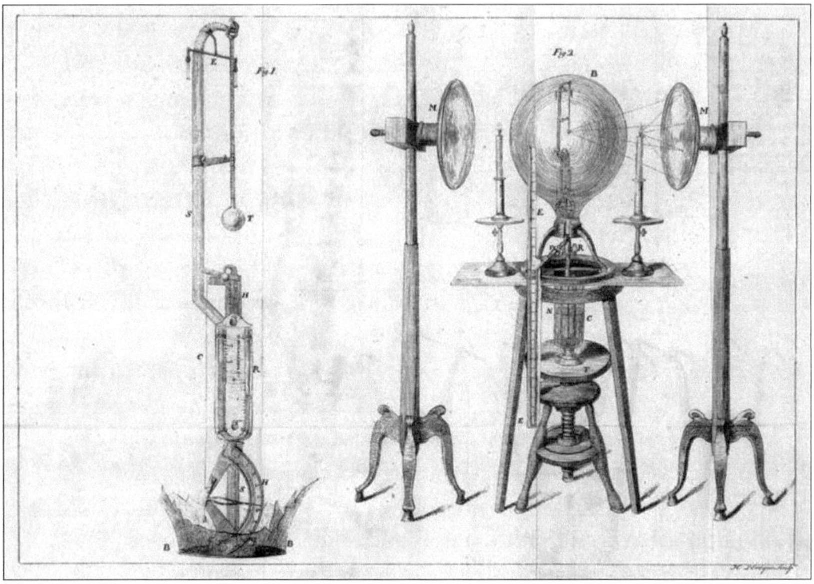

Abbildung 17: Kombinierte Laboreinrichtung zur Untersuchung der Wärme. Marc-Auguste Pictet, *Essais de Physique*. Genève 1790. Tome 1. Essai sur le feu. Erklärung im Text.

durch die fokussierte Strahlung des Spiegels M erhitzt. Darunter sind die Messröhren eines Barometers zu sehen und an der Basis die halbkreisförmige Skala eines Haarhygrometers nach Saussure. Das an seiner Außenseite nur schwer zu erkennende feine Haar veränderte seine Spannung unter Einwirkung der Luftfeuchtigkeit und bewegte den Zeiger auf einer Skala von Null bis Hundert von extremer Feuchtigkeit unten bis extreme Trockenheit oben. Das Kombinationsmessgerät wird mit einer Messingmanschette in den Glaskolben der Figur 2 mit ca. 1,2 l Inhalt geschoben. Von da aus führt ein Rohr, versehen mit zwei Hähnen R, die das Rohr verschließen können und die Herstellung eines Vakuums im Ballon ermöglichen, in zwei Glaszylinder unterhalb der ringförmigen Öffnung im Gestell. Der obere Glaszylinder, unten offen, steckt kopfüber in dem oben offenen unteren Zylinder, der mit Maßrillen versehen ist, die jeweils dem tausendsten Teil des ballonförmigen Glaskolbeninhalts entsprechen. Er ist mit Wasser bis zum Niveau N gefüllt. Sind beide Hähne geöffnet, steigt der Luftdruck im vorher luftleer gepumpten Ballon, und drückt den oberen Glaszylinder nach unten und das verdrängte Wasser steigt zwischen den Wänden der Zylinder nach oben. Ist das Niveau N auf gleicher

Höhe wie das Wasser zwischen den Zylindern entspricht der Luftdruck im Ballon dem atmosphärischen Druck. Der an der linken Außenseite angebrachte stabförmige doppelläufige Manometer, mit Quecksilber bis n im kurzen Tubus gefüllt, dient der Messung des Drucks im Glasballon. Sein langer Schenkel ist oben offen, sein kurzer ist mit einem schrägen Rohr an das Rohr angeschlossen, das senkrecht in die Glaszylinder führt. Die Markierungen auf dem Tubus sind in *pouce et ligne* angegeben, einem vor der Einführung des metrischen Systems gebräuchlichen Längenmaß, wobei 12 *pouce* einer *ligne* entsprechen (1 *pouce* gleich 1 Zoll gleich 2,54 cm).

Pictet war von der Leistung seines Instrumentenbauers Paul hell begeistert. Die Hähne hielten so dicht, dass sich ein einmal hergestelltes Vakuum über Monate gehalten hat. Jedes der eingebauten Instrumente musste geeicht, das Quecksilber durch Destillieren und Schütteln mit Holzkohle gereinigt und das Barometer acht bis zehn Mal gekocht werden, um es völlig luftleer zu machen. Das Haar des Hygrometers war zur Beseitigung der Fettschicht des Naturhaars erst eine halbe Stunde lang in einer Salzlösung zu kochen. Die Eichung erfolgte mit Hilfe eines Referenzhygrometers, für den Saussure die maximale Länge bei größter Feuchtigkeit in dampfgesättigter Luft und die größtmögliche Kürze bei absoluter Trockenheit bestimmt hatte. Die Herstellung dieser Trockenheit war ein besonderes Kunststück, dem Saussure viele Seiten widmete, und bei dem unter einem Glaszylinder ein mit einem Puder aus Salpeter und Weinstein bestreutes Blechröhrchen erhitzt und zur Explosion gebracht wurde, um es mit »alkali fixe«, dem feuerbeständigen und vor allem stark hygroskopischen (Wasser anziehenden) Weinsteinsalz, zu bedecken. Mit diesem entzog Saussure der Luft im Zylinder, in den das Haar eingebracht wurde, den letzten Rest von Feuchtigkeit[101].

Natürlich kamen nicht alle Elemente des Messapparats auf einmal zum Einsatz, aber er eröffnete die Möglichkeit, viele Fragestellungen miteinander zu kombinieren oder die gegenseitige Abhängigkeit von Messungen zeitgleich festzustellen. Pictet maß die Erhitzung und Abkühlung in seinen Lichtexperimenten mit einer Kerze im Fokus des einen Spiegels und eines Thermometers im Fokus des anderen mit klarem und geschwärztem Knopf am Thermometer, die Temperaturabhängigkeit von Ausdehnung und Komprimierung der Luft, die Wärmestrahlung im trockenen und einem seltsamen »feuchten Vakuum« im Vergleich zur Umgebungsluft, den Einfluss der Feuchtigkeit auf die Temperatur und vieles andere mehr. Er versuchte sich sogar an der Messung eines »elektrisierten Vakuums«.

Wärme im Gleichgewicht: das Gedankenexperiment von Prévost

Pictets Messergebnisse wurden von der kleinen Wissenschaftsgemeinde, die während der revolutionären Umbrüche in Europa davon Kenntnis erhielt, nicht angezweifelt. Wie immer, wenn eine neue Grundlage für ein altes Problem gesucht wird, war es die Interpretation dieser Ergebnisse, die umstritten war, und die Wärme hatte sich zum Kriegsschauplatz konkurrierender Theorien der Materie und der Erdgeschichte gemausert. Pictets Kollege Pierre Prévost veröffentlichte nur wenige Monate später eine grundsätzliche Kritik an dessen Interpretation der Kältestrahlung, angetrieben von einer vollkommen anderen, fast modernen Auffassung über die Materie, die schon bei Lavoisier angeklungen war. Pictets Vorstellung von einem Gleichgewicht zwischen warm und kalt hatte noch die aristotelische Färbung selbständiger Qualitäten, die sich bei ihm hinter den Begriffen »potentiell« und »reell« versteckten. Kälte war nach Aristoteles das Fehlen von Wärme, genau das, was Pictet vor Beginn seines Experiments gegenüber seinem Kollegen Bertrand frech behauptet hatte. Liegen warm und kalt im Widerstreit, hält der Kampf, bei Pictet die Spannung, solange an bis eine der beiden Qualitäten die Oberhand gewinnt. Der Körper ist dann entweder warm oder kalt. Bei Pictet »verschluckt« das Eis die umgebende Wärme, bis die Spannung zwischen warm und kalt durch den Wärmestrom abgebaut ist, wie bei der elektrischen Spannung, die Volta für die »elektrische Flüssigkeit« eingeführt hat, und die Pictet nun auf die »Wärmeflüssigkeit« überträgt. Um im Bild zu bleiben: für unterschiedlich warme Körper besteht solange eine Spannung (potentiell) bis ein Wärmestrom fließt und Ausgleich stattfindet (reell). Mit dieser Interpretation war Prévost ganz und gar nicht einverstanden[102].

Er wählte die Methode eines Gedankenexperiments und legte erst einmal den Rahmen fest, in dem er argumentieren wollte: »Das Feuer ist eine unstetige Flüssigkeit. Seine Elastizität besteht in seiner expansiven Kraft. Und diese ist die Wirkung der Bewegung seiner Teilchen«. Eine solche diskrete Flüssigkeit, bei der die winzigen Teilchen wie beim Licht strahlen, könne durch Zwischenwände gar nicht gezügelt werden, auch nicht durch eine andere strahlende Flüssigkeit und folglich auch nicht durch sie selbst. Die Flüssigkeit sei zu dünn, die Zwischenräume zwischen den Teilchen viel größer als der Durchmesser der Teilchen, als dass sie, wenn sie sich kreuzen, irgendeinen Einfluss aufeinander ausüben könnten. Sie lassen sich wechselseitig passieren. Es sei deshalb ganz falsch anzunehmen, dass sich zwei Feuer wie gebogene Pfeiler gegenseitig im Gleichgewicht halten oder sich wegen ihrer Elastizität wie zwei Haarbüschel abstoßen.

Prévost dachte sich zwei Teile, voneinander getrennt in leeren Würfeln, deren porenlose Wände an einer Seite dicht aneinander liegen. Das Feuer in den Würfeln bewegt sich frei im Raum, und es gibt keinen Grund, warum es nicht auch frei die beiden aneinander liegenden Wände passieren kann. Es findet ein ständiger Austausch statt, so dass in jedem Moment ein statistisches Gleichgewicht herrscht. Prévost nennt es ein »relatives Gleichgewicht« zwischen den beiden Würfeln. Es erhält so viel Feuer wie es abgibt. Das »absolute Gleichgewicht« herrscht nur in einem Würfel. Die Geschwindigkeit der Teilchen ändert sich nicht, sie ist überall gleich, sowohl im Würfel als auch außerhalb des Würfels und kann deshalb im Gedankenexperiment vernachlässigt werden.

Schüttet man jetzt in einen der Würfel eine Feuermenge, die zehn Prozent des Inhaltes dieses Würfels entspricht, dann wird diese sich sehr schnell im gesamten Raum ausbreiten, in dem sie sich frei bewegen kann. Dadurch wird der Austausch zwischen den beiden Würfeln ungleich. Der eine wird elf Partikel, der andere weiterhin zehn an den jeweils anderen Würfel schicken. Das relative Gleichgewicht wird für einen Augenblick gebrochen, aber sehr schnell wieder ausgeglichen. Nach dem Ausgleich bleibt das ursprüngliche absolute Gleichgewicht weiterhin gebrochen, weshalb sich jetzt die Temperatur geändert hat.

Denkt man sich jetzt die beiden Spiegel des Experiments von Pictet in einem absolut kalten Raum, so dass aus ihm keinerlei Feuer auf die Spiegel einwirken kann, außer von den beiden exakt gleichen, in den beiden Brennpunkten platzierten warmen Körpern von gleicher Temperatur, dann herrscht durch die reziproke Reflexion der Strahlen ein relatives Gleichgewicht. Wird die Temperatur eines Körpers geändert und so das relative Gleichgewicht gebrochen, wird es nach dem ungleichen Austausch der Teilchen bei geänderter Temperatur wieder hergestellt. Eine Änderung der Ausbreitungsrichtung, die Pictet für seine Erklärung brauchte, findet nicht statt. Es werden lediglich mehr Teilchen ausgetauscht, bis ihre Menge wieder im Gleichgewicht ist. Pictet war, nach den Worten Prévosts, von einem »immobilen Gleichgewicht« ausgegangen, die Pictet »Spannung« genannt hat, und konnte so die Vorgänge bei seinem Experiment nicht befriedigend erklären.

Das Gedankenexperiment Prévosts ist genial. Im Grunde genommen hat er Wärme quantifiziert, sie einem statistischen Kalkül unterworfen und ein dynamisches Gleichgewicht eingeführt, wie das erst in der Quantentheorie zur Regel werden wird. Aber was hat Prévost aktuell gegenüber der Erklärung Pictets gewonnen? Für den praktischen Gebrauch gar nichts. Die Diskussion, die Prévost angezettelt hat, verlief erst einmal im Sand, obwohl er auf dieser Grundlage ein Jahr später in einem kühnen Versuch die Veränderungen der Gesamtwärme der Erde im Jahresverlauf berechnete[103]. Das hat kaum jemanden interessiert. Der Wärmestoff bot bessere Möglichkeiten, die experimentellen Ergebnisse aus der Chemie und der Physik auf gleicher Grundlage und für definierte Fragestellungen zu berechnen.

Die latente Wärme Joseph Blacks, die beim Übergang von Eis in Wasser als Schmelzwärme, beim Übergang von Wasser zu Eis als Kondensationswärme und beim Übergang von Wasser zu Wasserdampf als Verdampfungswärme wirksam wird, hätte einen Ansatz zu einer dynamischen Theorie bilden können, bei der die Kräfte zwischen den Molekülen eine Rolle spielen. Graf Rumford wird sich daran abarbeiten.

Wärme ist Bewegung: Experimente von Rumford

Im Gegensatz zu den tief religiösen Wissenschaftlern Deluc ist der vom bayerischen König zum Reichsgraf geadelte Graf Rumford alias Benjamin Thompson (1753–1814) heute nicht vergessen. Die Münchner kennen ihn als Initiatoren des Militärgartens, der zum Englischen Garten wurde, die sozial Engagierten als Organisatoren von Armenhäusern und Einrichter von Armenküchen mit Rumfordherd und Rumfordsuppe, die Ofenbauer als Konstrukteur energiesparender Kamine und die Physiker als einen Experimentator zur Klärung der Natur der Wärme. Der in Massachusetts als Sohn eines kleinen Farmers in der britischen Kolonie aufgewachsene Benjamin Thompson war zwei Drittel seines Lebens hochrangiger Soldat im Dienst der britischen und der bayerischen Krone und hatte sich auch um eine Anstellung in Wien bemüht. Seine Physik entstand beim Umgang mit Waffen und der Ausrüstung der bayerischen Armee. Er hatte schon als junger Mann Versuche zur Sprengkraft von Schießpulver gemacht, die er als Verantwortlicher für die Reorganisation der bayerischen Armee wieder aufnahm. Seine Untersuchungen über die Wärmeleitfähigkeit von Stoffen sollten die geeigneten Textilien für Armeeuniformen finden. Das berühmteste seiner Experimente machte er mit Kanonen (Abbildung 18). Am 25. Januar 1798 las er seinen Bericht vor der *Royal Society of London* über die Wärmeproduktion mit einem Kanonenbohrer der könig-

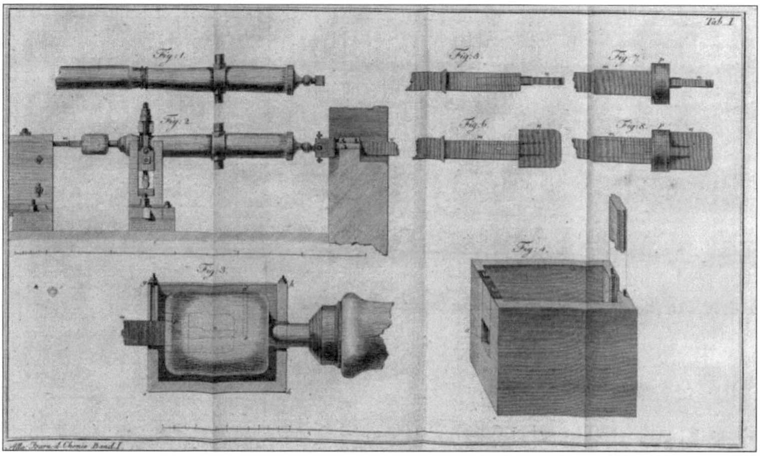

Abbildung 18: Rumfords Kanonenbohrversuch. Aus: *Inquiry concerning the Source of the Heat Which is Excited by Friction*. By Benjamin Count of Rumford, F. R. S. M. R. I. A. Phil. Trans. R. Soc. Lond. January 1, 1798 vol. 88, S. 80–102. Erklärung im Text.

lichen Geschützgießerei auf dem Gelände des späteren Kriegsministeriums und heutigen Staatsarchivs an der Ludwigstraße in München, der sofort international Furore machte, weil Rumford stolz behauptete, er habe mit seinen Reibungsversuchen beim Bohren einer Kanone bewiesen, dass es einen weithin, vor allem von Chemikern akzeptierten Wärmestoff nicht geben könne[104].

Dass Reibung Wärme erzeugt, war kein Geheimnis, das zu lüften gewesen wäre. Rumford wollte beweisen, dass die so erzeugte Wärme nichts mit der latenten Wärme der Stoffe oder eines in ihnen enthaltenen Wärmestoffs zu tun hat, die gerieben werden. Das erklärt sein seltsam anmutendes Vorgehen, den Bohrstaub zu wiegen und ihn in Beziehung zur Masse des Kanonenrohrs zu setzen, das sich durch die Umdrehungen beim Bohren stark aufgewärmt hat. Wenn das bisschen Metallstaub – nach 30 Minuten und 960 Umdrehungen nur 54 Gramm, gerade mal der 948ste Teil des 51 Kilogramm schweren Bohrzylinders – für die abgegebene Wärme verantwortlich wäre, dann hätte ein angeblicher Wärmestoff im Staub eine Wärme von 36 849° Celsius an den Zylinder abgeben müssen, dessen fast tausend Mal größere Masse sich im Versuch auf 55° Celsius erwärmt hatte. Die Gewichts- und Temperatureinheiten sind auf heute gebräuchliche Maße umgerechnet. Die Reibungswärme des Versuchs hätte ausgereicht, um 2, 3 Liter Wasser zum Kochen zu bringen. Genau das hat Rumford anschließend mit einem wassergefüllten Kasten gezeigt (Abbildung 18, Fig. 3), mit dem er den Bohrer umbaute. Dieses Ergebnis aus ungewohnter Wärmequelle hat die Beobachter am meisten überrascht. Ohne dass er sich dessen bewusst gewesen wäre, hat Rumford hier ein Experiment zum Nachweis des mechanischen Wärmeäquivalents gemacht und den Versuchsaufbau von James Prescotte Joule (1818–1889) von 1850 vorweggenommen.

Geologe war Graf Rumford nicht, aber als er 1803 mit Pictet in Chamonix ein wassergefülltes Loch von sieben Zoll (knapp 18 cm) Durchmesser an der Oberfläche des Gletschers untersuchte, überlegte er sich, wie es in eisiger Umgebung während des Sommers in die Tiefe wachsen konnte. Das Loch war eine sogenannte »Gletschermühle«. Im Winter verschwinden solche Löcher, weil das Wasser wieder zu Eis gefriert. Rumford nahm an, dass das Wasser, umgeben von Eiswänden, auch im Sommer eine Temperatur in der Nähe des Gefrierpunktes behält und nur seine Oberfläche durch die höheren Sommertemperaturen erhitzt wird. Woher kommt dann diese Wärme, die das Eis am Grund des Lochs schmilzt? Rumfords überraschende Erklärung: das an der Oberfläche des Lochs erwärmte Wasser werde spezifisch schwerer und sinke in die Tiefe, wo es seine Wärme dem umgebenden Eis mitteile. Träger dieser Mitteilung seien einzelne Wassermoleküle. Warum etwas wärmere Moleküle schwerer sein sollen als nur wenige Grade kältere, sagt er nicht, aber seine Beobachtung ist völlig korrekt. Wasser hat seine größte Dichte bei 4° Celsius und sinkt dann durch Wasser mit einer höheren oder tieferen Temperatur als 4° Celsius hindurch in die Tiefe, was z. B. dazu führt, dass Wasser am Grunde von Seen konstant mit dieser Temperatur gemessen wird.

Auch diese Beobachtung führt Rumford an und ergänzt sie durch ausgeklügelte Experimente, die beweisen, dass ein »Eiskuchen« in einem Behälter, der von einigen Pfund auf Kochtemperatur gehaltenen Wassers bedeckt wird, auch nach drei Stunden nur halb so viel abgeschmolzen war, wie Eis, das gleich lang mit Wasser von nur 41° Fahrenheit (5° Celsius) bedeckt war. Physiker, die behaupten, dass Wasser ein Wärmeleiter sei, sollten ihm diese experimentelle Ergebnisse doch bitte erklären, statt ihre Exaktheit zu bezweifeln[105].

Bei dem Experiment mit dem Eiskuchen war das kochende Wasser zu leicht, um einen intensiven Kontakt zum Eis herzustellen, während das spezifisch schwerere, nur 5° Celsius warme Wasser eine Wirkung wie in der Gletschermühle entfaltete. Bestimmend für die Wärmeleitung in Flüssigkeiten war nach Rumfords Meinung also das spezifische Gewicht, die Verdichtung und Ausdehnung ihrer Teilchen durch ihre Mobilität bei

Änderung der Temperatur, und nicht Wärmestrahlung und nicht Wärmestoff[106].

Probleme der Wärmeleitung in Flüssigkeiten und von latenter Wärme in der Nähe des Gefrierpunktes wurden von vielen Wissenschaftlern der Zeit intensiv untersucht, nachdem Jean-André Deluc und Charles Blagden gezeigt hatten, dass Wasser um 41° Fahrenheit seine größte Dichte erreicht und sich danach beim Gefrieren wieder ausdehnt. Rumford war der erste, der solche Laborexperimente zum Verständnis einzelner Gletscherphänomene durchgeführt hat.

Man hat seine fast modern wirkenden Auffassungen über die Natur der Wärme trotz Bewunderung für seine geschickten Experimente weitgehend ignoriert oder sie wie der junge Humboldt als »bizarre Theorie« einfach beiseitegeschoben. Die Chemiker kamen mit dem Wärmestoff gut zurecht, wenn sie für ihre Reaktionen eine Wärmebilanz aufmachten. Die Physiker waren mit der Reflexion von Wärmestrahlen und der Wärmeleitung in Metallen beschäftigt und wollten den Zusammenhang von Gasdruck und Wärme verstehen. Und die Geologen wollten die Temperatur der Lava messen und wünschten sich ein geeignetes Thermometer.

Ein kurioses Detail der Wissenschaftsgeschichte ist die Ehe Graf Rumfords, die er 1805 mit der Witwe Lavoisiers geschlossen hat. Madame Lavoisier arbeitete an der Herausgabe teilweiser unveröffentlichter Fragmente der *Mémoires de chimie* ihres guillotinierten Mannes, in deren Band 1 sie die Untersuchung von 1780 über die Wärme, allerdings ohne die wichtigen Abbildungen, erneut veröffentlichte und an ausgesuchte Wissenschaftler verteilte, von denen sie annehmen konnte, dass sie mit dem Tod ihres Mannes nichts zu tun hatten. Die Ehe des Grafen Rumford mit Madame Lavoisier wird nach wenigen Jahren jedoch nicht an konträren Auffassungen über die Natur der Wärme, sondern an der mit verbissener Kälte geführten Auseinandersetzungen zwischen diesen beiden unvereinbaren und starken Charakteren scheitern[107].

Wärme und Kompression: Experimente von Hall

Sir James Hall of Dunglass (1761–1832), einer Baronie 50 km westlich von Edinburgh an der Nordseeküste, gehörte zu den reichen jungen Aristokraten, die von einem Tutor begleitet, hier vom Reverend Thomas Brand, einen Teil ihrer Ausbildung in Genf absolvierten und jahrelange Reisen auf dem Kontinent unternahmen (Abbildung 19, S. 98). James Hall

Abbildung 19: Sir James Hall of Dunglass 1785. Von Angelika Kaufmann. Öl auf Leinwand 60,5x49,5 cm. Scottish National Portrait Gallery. Die gebürtige Schweizerin Angelika Kaufmann (1741–1807) hat sich nach längeren Aufenthalten in Neapel und London einen Ruf als Portraitmalerin der reisenden Hocharistokratie erworben und residierte in Rom auf dem Monte Pincio, den auch Lord Bristol als seinen luxuriösen Sitz auserkoren hatte.

war Anfang der 80er Jahre in Genf und in Chamonix am *mer de glace*, 1785 am Vesuv, den er fünf Mal während eines Ausbruchs bestiegen hat. In Edinburgh, wo Hall 1782 Vorlesungen des Physikers Robison und des Chemikers Black gehört hatte, war der alte James Hutton (1726–1797) ein enger Freund, mit dem er nach geologischen Beweisen an der Küste zwischen Dunglass und Edinburgh für dessen Theorie einer Umwandlung von Gesteinen durch Einschmelzen und Kompression suchte. Diese Theorie wollte er experimentell beweisen und dazu brauchte er die sehr hohen Temperaturen eines Schmelzofens. Der ideengebende Fehlschlag in den *Leith Glassworks*, bei dem ein geschmolzenes grünes Glas in einem Topf bei sehr langsamer Abkühlung seinen glasigen Charakter verlor und eine steinige Struktur annahm, war nach Hall schon früher vom Chemiker James Keir (1735–1820) beobachtet worden, der 1772 eine Glasfabrik in Amblecote in der Nähe von Stourbridge in den westlichen Midlands betrieben und sich mit der Kristallisation von Glas beschäftigt hatte[108]. Ähnliches, so vermutete Hall, musste mit den ehemals flüssigen Graniten und Basalten passiert sein, als sie tief im Innern der Erde erstarrten und mehr oder weniger unregelmäßig auskristallisierten, vom grob gekörnten Granit bis zum feinkörnigen, nahezu homogenen Basalt. Hall machte seit 1790 seine Schmelzversuche mit Basalt und Lava ohne Wissen seines Freundes Hutton, der solche Versuche als unzulässige und unmögliche Isolierung der sich nur im Großen abspielenden Veränderungen abgelehnt hatte, und wartete mit dem Gang an die Öffentlichkeit bis nach dessen Tod. Er präsentierte sie am 5. März und 18. Juni 1798 der *Royal Society of Edinburgh*, die sie aber erst 1805 veröffentlichen konnte. Auch Hall profitierte in schwierigen Zeiten vom internationalen Netzwerk der *Bibliothèque britannique* Pictets, der seine *Experiments on Whinstone and Lava* in einer von Hall autorisierten Übersetzung bereits 1800 veröffentlichte[109].

Seine Wahl fiel deshalb auf Basalt und Lava, weil bei ihnen nach all den Beobachtungen bei Vulkanausbrüchen mit Sicherheit von einem feurigen Ursprung ausgegangen werden konnte. Aus einem Steinbruch bei Leith besorgte er sich ein Stück sehr feinkörniger schwarz-grüner, intensiv mit einer fahlroten Substanz vermischter Hornblende, häufig ein Silikatrelikt vulkanischer Aktivitäten, die er in kleinen Stücken in einem Tiegel des großen Flammofens der Eisengießerei von Barker bis zum Kochen schmolz. Dann holte er die Schmelze aus dem Ofen und ließ sie sich schnell abkühlen. Das Ergebnis war ein schwarzes Glas. In weiteren Experimenten verhinderte er das schnelle Abkühlen, indem er die kochende Schmelze direkt auf ein offenes, von brennender Kohle umgebenes Feuer setzte, wo es mehrere Stunden bis zum Verlöschen des Feuers verblieb. Dann wurde der kalte Schmelztiegel zerbrochen. Er enthielt jetzt eine Substanz, die in ihrer Textur mit Basalt vollkommen übereinstimmte: rau, steinig, kristallin. Um seinen Kritikern keine Angriffsfläche zu bieten, machte er die folgenden Versuche mit einer zuvor zu Glas geschmolzenen Hornblende, kochte das Glas erneut und ließ es wie beschrieben langsam abkühlen. Er musste höchst erstaunt feststellen, dass er ein vom ersten Versuch verschiedenes Ergebnis erhielt: Teile hatten trotz der Schmelze ihre ursprüngliche Textur vor der Verglasung behalten. Eine Wiederholung bei hoher Temperatur – Hall spricht von 28° Wegdwood, dem Schmelzpunkt von Silber (ca. 962 Celsius) – sechs bzw. zwölf Stunden lang gekocht ergab nach sechs Stunden eine außen grobkörnige, innen aber immer noch glasige Masse, nach zwölf Stunden eine durch und durch kristalline Masse mit einzelnen Einsprengseln kleiner Kristalle in einigen Höhlungen.

In weiteren Versuchen mit verschiedenen Basaltvarietäten und höheren bzw. tieferen Temperaturen als 28° Grad Wedgwood konnte er direkt beobachten, wie die Schmelze im Verlauf auskristallisierte und viskös wurde, um bei weiterer Erhöhung der Temperatur erneut zu schmelzen. Er hatte mit seinen Experimenten bewiesen, dass, egal welche Basaltvarietät er genommen hatte, ihr ursprünglich steiniger Charakter in großer Hitze geschmolzen und bei langsamer Abkühlung wieder zu Stein werden konnte.

Bei Lava war von vorneherein klar, dass sie einmal flüssig gewesen war. Hall wollte nun zeigen, dass Lava und Basalt ähnliche Eigenschaften aufzuweisen hatten, wenn sie nicht gar identisch in ihrer Zusammensetzung waren. Hall war 1785 im Rahmen seiner *Grand Tour* zusammen mit dem Arzt James Home (1760–1844) aus Edinburgh und teilweise in Begleitung von Dolomieu auf dem Vesuv, dem Ätna und den Liparischen Inseln gewesen und hatte Lavaproben mitgebracht, die er nun untersuchen wollte. Dolomieu hatte in seinen Schriften bemängelt, dass die Besucher der Vulkane meist nur Stücke aus der Oberfläche erstarrter Lava gebrochen haben, die sich alle ähnelten. Es käme darauf an, Proben aus ihrem Inneren zu nehmen, wo sie ihren wahren Charakter erst enthüllten. Für ihre Sammlung hätten sie sehr darauf geachtet, diesen Irrtum zu vermeiden. Erstarrte Lava und Basalt, so Hall, seien auch bei genauer Betrachtung kaum voneinander zu unterscheiden.

Hall positioniert sich gegen zwei Theorien, die beide mit ganz unterschiedlichen Argumenten eine Vergleichbarkeit des Feuers, das in Öfen Hitze produziert, mit der Wirkung des Feuers bei einem Vulkanausbruch ablehnten und der Lava eine Sonderstellung einräumten. Die eine stammte von Dolomieu, die andere von Kirwan. Beide Auffassungen liefen darauf hinaus, dass man beim Erhitzen erstarrter Lava nichts anderes als Glas erhalten könne. Da so das Erscheinungsbild der Lava bei Ausbruch eines Vulkans nicht befriedigend erklärt werden könne, habe Dolomieu sich in die Annahme einer Modifikation der wirksamen Agentien wie Hitze und Feuer geflüchtet und Kirwan in die Annahme von Substanzen wie Bitumen in der Lava, die das Fließen bei den angenommenen niedrigen Lavatemperaturen aufrecht erhalten mussten. Allerdings war in keiner der von Hall untersuchten Laven »Petroleum«, ein Erdölprodukt wie Bitumen, nachzuweisen.

1785 hatte Hall die Gelegenheit, einen breiten Lavastrom bei einem weniger spektakulären Ausbruch des Vesuv (28. Dezember 1784 bis 28. Februar 1785) aus der Nähe zu untersuchen, zu einer Zeit, als sich der 24-Jährige noch nicht mit Huttons oder irgendeinem anderen geologischen System identifizierte (Abbildung 20). Aber schon damals hatte er bei der wie Wasser fließenden und weiß glühenden Lava den Eindruck gewonnen, dass man es bei ihr mit sehr viel höheren Temperaturen zu tun haben könnte, als von den beiden genannten Geologen angenommen. Selbst die wie Honig fließende war noch intensiv rot glühend. Mit den Schmelzversuchen unterschiedlicher Laven wollte er die hohen Temperaturen und die Abhängigkeit der Kristallisation von der Geschwindigkeit der Abkühlung beweisen und zeigen, dass das Ergebnis Basalt und nicht einfach vulkanisches Glas ist. Es waren zwei Laven vom Ätna, eine von Island und

Abbildung 20: Pierre-Jacques Volaire. Ausbruch des Vesuv 1785. Öl auf Leinwand 99x65 cm. Toulon, Musée d'art. Inv. 985.8.110. Publications du Centre Bérard books. openedition.org am 26.6. 2017.

zwei aus der Umgebung des Vesuv, die er dem gleichen Procedere wie bei der Schmelzung von Basalt unterwarf. Also erst Schmelzen zu Glas, dann langsame Abkühlung. Das überraschende Ergebnis der Schmelzversuche mit Laven waren verschiedene Ausprägungen von Basalt mit Kristalleinsprengseln von Augit oder Olivin, beides Silikate mit Beimengungen von Magnesium, Mangan, Eisen oder Kalzium.

James Hall war sich völlig darüber im Klaren, dass die Verhältnisse in den Vulkangebieten viel komplizierter sind als die in seinen relativ gut kontrollierten Versuchsreihen, und das wusste er aus eigener Anschauung. Am Ätna z. B. sind neben erstarrter Lava fossile Kohle und Muschelbänke oder hoch aufgetürmte Bänke von Sand- und Kalkstein zu finden, die Hall mit Dolomieu auf ehemals submarine Eruptionen zurückführte. Beim Vesuv seien die Verhältnisse einfacher als beim Ätna, der teils aus unterirdischen, teils aus »äußerer Produktion« stammenden feurigen Komponenten bestehe. Am Vesuv stamme alles aus den Ablagerungen aufeinanderfolgender Eruptionen, im Wechsel Schichten dünner Lava mit massiven, verbackenen Ablagerungen der ausgeworfenen Lapilli. Er beobachtete auch senkrecht aufgerichtete oder schräg verlaufende Lavaschichten, die er wie Dolomieu und Breislack auf das Eindringen flüssiger Laven in Felsspalten zurückführte. Breislacks *Topografia fisica della Campania*, deren schwierige Veröffentlichung 1798 ich schon erwähnt habe, gibt Hall mit seinen Detailkenntnissen des Terrains die Möglichkeit, Breislack aufzufordern, seinen Hinweisen nachzugehen, »falls es die Umstände der Zeiten erlauben«[110].

Besonders interessant für den Beweis der Richtigkeit der Theorie Huttons fand Hall das Schicksal des Kalkfeldspaths, der von der aufsteigenden Lava durchbrochen und geschmolzen wird. Obwohl er niemals in Lava nachzuweisen sei, finde man ihn jedoch regelmäßig eingeschlossen im Basalt, und zwar deshalb, weil bei der Reaktion des Kalks mit den übrigen Komponenten der geschmolzenen Masse tief im Innern der Erde die entstandene Kohlensäure unter dem extrem hohen Druck der darüber lagernden Schichten am Entweichen gehindert und wie in einem Dampftopf Papins dazu gezwungen werde, seine Verbindung mit dem Silikat des Feldspaths beizubehalten. Halls Freund, der Arzt und Chemiker Robert Kennedy aus Edinburgh (ca. 1774–1803), machte für ihn die chemischen Analysen der Laven und Basalte, die es ihm erlaubten, Erfolg und Misserfolg in seinen Experimenten zu benennen. Auch Kennedy benutzte das Wegdwood-Thermometer für hohe Temperaturen. Er hat die späte Veröffentlichung seiner Ergebnisse aus dem Jahr 1798 in den *Transactions of the Royal Soiciety of Edinburgh* nicht mehr erlebt[111].

Für seine Kompressionsversuche knöpfte sich Hall den weit verbreiteten Kalkstein vor, bei dessen Erhitzen Joseph Black 1756 das Kohlendioxid entdeckt hatte. In der Natur, so Hall, existiere die Kohlensäure bei normalen Temperaturen als Gas in der Atmosphäre, als Kohlendioxid. Aber im Kalk werde ihre Flüchtigkeit von chemischen Kräften unterbunden. Black hatte deshalb die Kohlensäure im Kalziumkarbonat des Kalksteins »fixed air« genannt. Werde der Kalkstein bis zum Rotglühen erhitzt, überwinde die Kohlensäure diese Kräfte und entweiche. Diese Eigenschaften des Kalksteins hatten Hutton zu Überlegungen über die Dynamik geologischer Prozesse angeregt. Hutton nahm in den Worten Halls an:

»1. dass die Hitze in ziemlich weit zurückliegenden Perioden auf alle Felsen eingewirkt hat,
2. dass während der Einwirkung der Hitze alle diese Felsen (selbst solche, die jetzt an der Oberfläche erscheinen) unter einer darüber liegenden Masse von großem Gewicht und großer Härte lagen,
3. dass als Folge einer kombinierten Aktion von Hitze und Druck Wirkungen eintraten, die von denen der Hitze bei normalen Aktionen verschieden sind; insbesondere, dass das Kalziumkarbonat in ein mehr oder weniger flüssiges Stadium überging, ohne jede Kalzination« (Oxidation)[112].

Hall wollte experimentell beweisen, dass man den Zerfall des Kalksteins bei großer Hitze durch Erhöhung seiner Anziehungskraft für Kohlensäure, das heißt durch Erhöhung des Drucks verhindern könne. Außerdem wollte er zeigen, warum im Basalt sehr häufig Kalkspath in weichen, runden Klümpchen eingeschlossen ist. Man müsse davon ausgehen, so seine These, dass sich Kalkspath und Basalt zusammen verflüssigten, dabei wie Öl und Wasser voneinander getrennt gewesen waren und der Basalt zuerst aushärtete. Im umgekehrten Fall, also zuerst Aushärten des Kalkspaths und dann des Basalts, müsste der Kalkspath im Basalt nicht mehr in weichen, sondern in den üblichen harten und spitzen Kristallen des Feldspaths vorliegen. Hall vermutete, dass der Basalt zwischen 28° und 30° Wedgwood zuerst kristallisiert, während der Kalkfeldspath noch flüssig ist. Es waren Überlegungen zur Kristallisationsabfolge, die man heute unter dem Begriff der magmatischen Differentiation in der aufsteigenden und sich dabei abkühlenden Lava zusammenfasst. Hall musste also bis zu einer Temperatur von 28° Wegdwood den Zerfall des Kalziumkarbonats ($CaCO_3$) verhindern, so dass er ohne Verlust von Kohlensäure in seiner Gesamtheit schmilzt statt erst später in der sich abkühlenden Schmelze in weichen Klumpen auszukristallisieren. Mit anderen Worten: Kalk sollte schmelzen und nach Erkalten Kalk geblieben sein.

Hall wird erst gegen Ende seiner Versuche die anfangs unscharfe Trennung zwischen dem reinen Kalziumkarbonat im Mineral Kalkspath (Calcit) und dem durch Beimengungen verunreinigten Kalziumkarbonat im Sedimentstein Kalk (mit hohem Anteil von Calcit) verlassen und nur noch mit gereinigtem Kalziumkarbonat arbeiten. Die Ergebnisse seiner fünfhundert im Verlauf von vier Jahren durchgeführten Experimente, mit selbst entworfenen Öfen, ausgeklügelten Testgeräten und unter Hitze und Druck geprüften Materialien, trug er am 30. August 1804 der *Royal Society of Edinburgh* vor.

Für seine ersten Versuche nahm er den Lauf eines Gewehrs, das er am Zündloch absägte, mit einem Eisenstöpsel verschloss und verschweißte (Abbildung 21, S. 104, Fig. 1). Dann stopfte er in Papier gewickelten pulverisierten Kalk in den Lauf und darüber pulverisierten Schamott, feuerfesten Ton. Verschlossen wurde das Rohr an seiner Mündung wieder mit einem verschweißten Eisenstöpsel. Das Papier sollte den Kontakt des Kalks zum Eisen des Metallrohrs verhindern, das in Vorversuchen das Kalziumkarbonat kontaminiert hatte. Das Ende, an dem das Zündloch gewesen war, wurde waagrecht in einen gebräuchlichen Tiegel eines auf 25° Wegdwood erhitzten Ofens geschoben. Am anderen, kalt gehaltenen Ende war ein Seil angebracht, um das Rohr ohne Explosionsgefahr aus dem Ofen ziehen zu können, eine Vorsichtsmaßnahme nach der Erfahrung mit Wasserdampf, bei dem Rohr und Ofen explodiert waren. Bei sei-

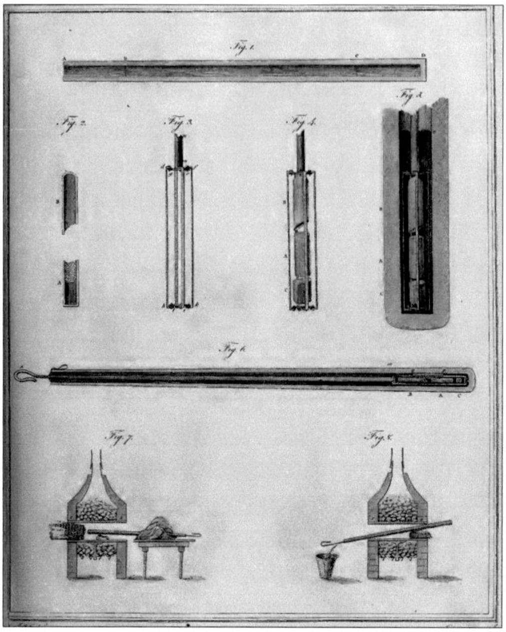

Abbildung 21

Abbildungen 21 bis 25 aus: Sir James Hall, *Account of a series of experiments, showing the effects of compression in modifying the action of heat*. Transactions of the Royal Society of Edinburgh. Edinburgh 1812. Vol. 6, S. 71 f. Alle Erklärungen im Text.

nen ersten Versuchen musste Hall feststellen, dass der Schamott bei Erhitzung schrumpfte oder verglaste oder als Zeichen einer nicht vollständigen Abdichtung teilweise schwarz geworden war, weshalb der Druck auf den Kalk nicht ausreichend schien und möglicherweise Substanzen in den Schamott vorgedrungen waren.

Er ersetzte den Schamott durch eine schon bei ca. 100° Celsius flüssige Metallkombination (acht Teile Wismuth, fünf Teile Blei und drei Teile Zinn), ein in Gießereien wie die der *Cooper and Barker Edinburgh Foundry* wohl bekannter Einsatz von Flussmitteln zur Reduktion der Schmelztemperatur. Dort experimentierte Hall, ganz in der Nähe des *Leith Glasworks*. Nach dem Einbringen von gestampftem Kalkpuder wurde das Flüssigmetall ins Rohr gegossen und danach bis zur Aushärtung abgekühlt. Diese Kühlung der Metallfüllung wurde während der Erhitzung der am anderen Ende des Rohrs eingeführten Kalkfüllung mit einem dicken Packen von Tüchern aufrecht erhalten, die um das Rohr gewickelt waren. Mit der kalten Metallfüllung in der unteren Hälfte des oben verschlossenen Rohrs war es komplett abgedichtet. Am Versuchsende genügte es, den kalten Teil wieder auf 100° Celsius zu erhitzen und das gesamte Metall auszugießen (Abbildung 21, Fig. 7, 8).

Aber auch mit dem flüssigen Metall hatte Hall Probleme. Als er einmal das Rohr nur mit dem flüssigen Metall füllte und es dort erhitzte, wo der Kalk platziert werden sollte, schwitzte es feine Tropfen durch das Metallrohr, um dieses bei weiterer Erhöhung der Temperatur vollständig zu zerstören. Er glaubte zu wissen, woran das lag: das flüssige Metall hatte sich bei Erhitzung schneller ausgedehnt als das feste Metall des Rohrs und sich schließlich mit so großer Gewalt durch seine Wandungen gepresst, dass »Wollfäden« einige *yards* weit in die Umgebung schossen. Die Zugabe eines definierten und in vielen Versuchen ausgetesteten Volumens Luft half das Problem zu lösen. Nach Halls unscharfer Vorstellung begrenzte die sich bei Erhitzung schnell ausdehnende Luft die für das Rohr gefährliche Ausdehnung des Metallflusses. Dass sie die Bestandteile der Rohrfüllung oxidieren könnten, dieser Gedanke kam ihm in diesem Stadium seiner Experimente noch nicht.

Er konstruierte einen in das Rohr einzuführenden kleinen, nur ein bis zwei Zoll langen Tubus von einem Viertel Zoll Durchmesser (2,5 bis 5 cm x 0,6 cm) zunächst aus Glas, dann aus dem hitzebeständigeren Réaumur'schen Porzellan (Abbildung 21, Fig. 4, 5). Dieser kleine, in einem Eisengestell fixierte Tubus ließ sich leicht mit verschiedenen Materialien füllen und an dem an seinem Rand fixierten Ladestock in das zur Hälfte mit dem flüssigen Metall gefüllte Rohr einführen und wieder herausziehen (Fig. 6).

Der Tubus wurde zur Hälfte mit fest gestampften Kalkpuder, zur anderen Hälfte mit Quarzpuder oder irgendeiner Substanz gefüllt, die das Eindringen des flüssigen Metalls verhindern konnte (A in Fig. 5). Ein zweiter, nur mit Luft gefüllter Porzellantubus folgte mit der Öffnung nach unten (B). Ein gebranntes Tonerdestück des Thermometers von Wedgwood war am Boden des Tubus platziert (C). Die Schwierigkeiten der Kalibrierung dieses Thermometers beschrieb Hall sehr genau in einer Fußnote auf S. 85. Das Wegdwood Thermometer und die nicht empfehlenswerte Umrechnung seiner Skala in Celsius sind Thema des nächsten Kapitels.

Das so vorbereitete Rohr steckte Hall waagrecht in einen aus Ziegelstein gemauerten quadratischen Ofen, dessen besonderes Merkmal eine Rundumbefeuerung mit einer zentralen Stütze für das Rohr war. Sein überstehendes Ende, das die Metallflüssigkeit enthielt, wurde mit Tüchern umwickelt, die zur Kühlung von Zeit zu Zeit nass gemacht wurden (Abbildung 21, Fig. 7, 8). In dieser Versuchsanordnung waren die Ergebnisse vor allem wegen des lageabhängigen Entweichens der Luft aus dem Tubus nicht reproduzierbar, aber ihre Ergebnisse erbrachten doch immerhin den Hinweis, dass es unter Hitze und Druck möglich war, den pulverisierten Kalk teilweise zu den rhomboiden Kristallen des Kalkspaths auszukristallisieren. Hall nahm an, dass er diese Effekte einer Kalzination (Oxidation) ohne Vorhandensein von Sauerstoff erreicht hatte, aber in dieser Versuchsanordnung ist das sehr zu bezweifeln, weil er die von ihm selbst eingebrachte Luft nicht berücksichtigt hat. Er wird das erst sehr viel später korrigieren und statt mit der expansiven Kraft der Luft mit der des Wasserdampfes arbeiten.

Hall legte den Flintenlauf beiseite und probierte andere Materialien aus. Er arbeitete eine Zeitlang mit Tuben aus Steingut von 35 cm Länge und 1,3 cm Durchmesser, die er sich in der Manufaktur Wegdwoods aus dem üblichen Mörtel anfertigen ließ (Abbildung 22, Fig. 9–13). Nur vier Substanzen gingen in seine Versuche ein: Borax, Quarz (Silex), Kalziumkarbonat und Flaschenglas, alle im Gebrauch in der Glas- und Keramikherstellung, an deren Erfahrungen über Hitzebeständigkeit, Bruchfestigkeit und Schmelzbarkeit sich Hall von Beginn an orientierte. Borax war Flussmittel und färbte im Verhältnis von vier Teilen Kalk zu einem Teil Borax das Steingut zu einem tiefschwarzen Glanz, dem »Basalt« genannten Erfolgsprodukt Wedgwoods[113]. Bei Hall sollte Borax nach Verglasen und Zerstampfen den kompletten Verschluss der Tubenöffnung garantieren. Das »Einsperren des Karbonats« unter Hitze gelang nur dann befriedigend, wenn er den Tubus wie in Fig. 13 verfüllte: unten Silex mit dem kleinen Kalk gefüllten Tubus, dann zerstampftes Glas in der Mischung mit Silex, darüber wieder reines Silex und zum Abschluss verglaster Borax.

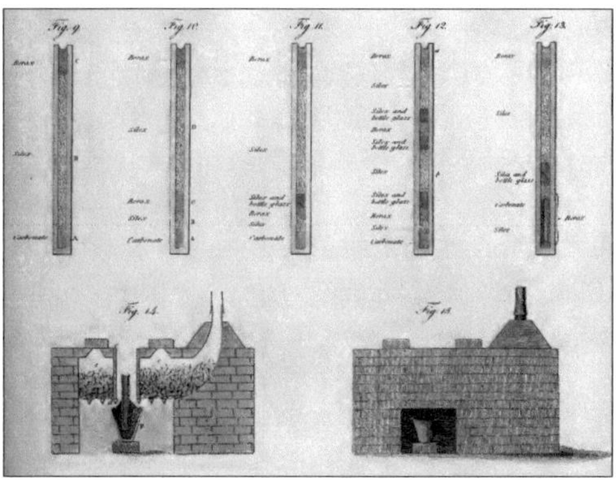

Abbildung 22

Ein Teil der frei gewordenen Kohlensäure setzte sich als Überzug in den Poren des Steinguts fest, der flüssige Borax sammelte sich bei dieser waagrechten Arbeitsweise an der Unterseite des Tubus, und der Tubus zerbrach bei zu großer Hitze. Hall fand nach zahllosen Versuchen einen besonders feinen und kalkfreien Lehm aus Cornwall, den auch Wedgwood in seinem Pyrometer einsetzte, verkleinerte den Tubus und stellte ihn nun senkrecht mit der Öffnung nach oben in einen sandgefüllten Schmelztiegel eines eigens konstruierten Ofens, so dass der verglaste Borax schmolz, wie Wasser nach unter ran und den Tubus mit seiner Flüssigkeit anfüllte. Nach Abkühlung drehte Hall den Tubus um. Die obere Hälfte, die jetzt das Karbonat enthielt, steckte nun in dem von einem Rundumfeuer erhitzten Teil des Ofens, und die untere mit dem zur Abdichtung vorgesehen erstarrten Borax konnte in einem Wasserbad kühl gehalten werden (Abbildung 22, Fig. 14). Dieses Grundmuster wurde variiert, um Risse im Tubus durch die Ausdehnung des erhitzten und verflüssigten Borax zu vermeiden und größtmögliche Hitze einsetzen zu können. Halls stolze Zwischenbilanz:

»Diese Experimente beweisen, dass man das Kalziumkarbonat mit mechanischem Zwang großer Hitze aussetzen kann, ohne dass es kalziniert, und dass dabei fast die gesamte Kohlensäure zurückgehalten wird, die in einem offenen Feuer bei gleicher Temperatur vollständig entfernt worden wäre: und dass unter diesen Umständen Hitze einige mit der Theorie Huttons identische Effekte produziert« (S. 95).

Er hatte bei den Experimenten wieder »unversehrten Kalkstein« und bei einigen ein dem Marmor ähnelndes Gestein erhalten. Der wesentliche Unterschied zwischen pulverisiertem Kalkstein und pulverisiertem Kalkspath bestand nur in der für die Verflüssigung notwendigen Temperatur. Kalkspath benötigte eine um 2°Wegdwood höhere Temperatur. Alle Variationen, so Hall, könnten ein Licht auf bestimmte geologische Aspekte dieser »außergewöhnlichen Substanz« werfen. Aber Hall war trotzdem nicht ganz zufrieden. Eine winzige Verunreinigung mit Eisen hatte ihm vorgeführt, wie schnell sich das gewünschte Ergebnis in sein Gegenteil verwandeln konnte: das Eisen hatte offensichtlich mit den Substanzen im Tubus reagiert, einen schwarzen steinigen Überzug produziert und Kohlensäure entweichen lassen. Auch in anderen Versuchen war es immer zu einer teilweisen Kalzination gekommen, dessen Ursachen Hall nun durch extrem genaues Auswiegen der Proben vor und nach Erhitzen auf die Spur zu kommen versuchte.

Da es ihm mit den Tuben aus Steingut weder gelang, einen Kohlensäureverlust wegen feiner Risse gänzlich zu vermeiden, noch mit sehr großer Hitze zu experimentieren, kam er wieder auf die anfänglich benutzten Eisenrohre zurück, die er nun, wie vorher schon die Steinguttuben, senkrecht in einen neuen Ofen stellte (Abbildung 23, S. 108, Fig. 20). Die untere Hälfte des Rohrs ragte in einen Wasserbehälter, dessen Inhalt wäh-

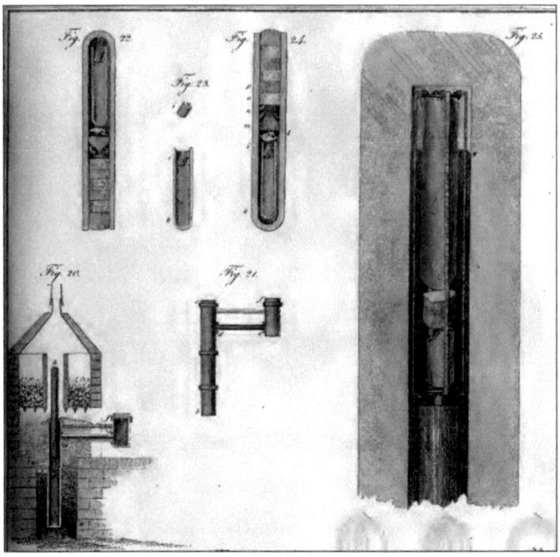

Abbildung 23

rend des Erhitzens des oberen Teils, der den präparierten kleinen Tubus mit dem Karbonat enthielt, durch Zugabe frischen Wassers aus dem seitlichen Reservebehälter (e) kühl gehalten wurde.

Aus den früheren Versuchen hatte er gelernt, wie der kleine Tubus in ein Eisengestell platziert, sein Inhalt durch wechselnde Lagen von gestampftem Kalk und Quarz gefüllt und der Kontakt zum Eisenrohr durch Flüssigmetall verhindert werden kann. Nun ging er daran, das in einen winzigen Tubus eingestampfte Karbonat vor und nach dem Versuch mit Hilfe von Sand oder Zinngranulat äußerst genau auszuwiegen. Die raffinierte Füllung des Tubus (Fig. 23, 24, 25): Am Boden gestampfter Kalk, dann der kleine Tubus mit dem Karbonat, abgedichtet von einem Porzellandeckel, einem Kalkklumpen, einem Kalkzylinder, kleinen Kalkfragmenten und zerstoßenem Feuerstein mit zerstoßenem Kalk im Wechsel bis zur vollständigen Verfüllung des Tubus. Bei (q) in Abbildung 23, Fig. 25 sieht man die Obergrenze des Flüssigmetalls im Rohr. Mit diesem Arrangement und der winzigen Probe des Karbonats konnte Hall auf bis zu 80° Wegdwood erhitzen, ohne dass Kohlensäure entwich.

Um den Druck weiter zu erhöhen, ersetzte er in einer ganzen Reihe von Versuchen Luft durch Wasser, Ammoniak, Schießpulver und mit Nitrat imprägniertem Papier. Wasser war seiner Meinung nach am besten zur Unterstützung der Kompression geeignet. Hall erkannte, dass ein höherer Druck schon bei 22° statt erst bei 28° Wedgwood Karbonat in Marmor umwandelte und dass er dabei sehr viel weniger seines ursprünglichen Gewichts eingebüßt hatte. Außerdem war damit die »interne Kalzination«, wie Hall die teilweise Oxidation des Karbonats durch die eingeschlossene Luft genannt hatte, unterbunden und die Probe nach dem Experiment nun frei von gebranntem Kalk (Kalziumoxid). Genau das sollte ja bewiesen werden: Druck und Hitze schmelzen Kalkstein, ohne vorher wie bei der Verbrennung unter offenem Feuer oxidiert worden zu sein.

Abbildung 24

Um Einwänden zu begegnen, seine Ergebnisse seien durch Beimengungen verfälscht und der gewünschte Beweis nicht erbracht worden, ließ er sich von seinem Freund George Mackenzie, der gerade angeblich mit dem Geschmeide seiner Mutter nachgewiesen hatte, dass ein Diamant wie Kohle verbrennt, gereinigtes Kalziumkarbonat herstellen und wiederholte damit einige seiner Experimente. Er konnte zeigen, dass auch vollkommen reiner Kalk unter Hitze und Druck auszukristallisieren begonnen hatte. Was jetzt noch fehlte, war die Messung des Drucks, der in seinen Experimenten wirksam geworden war. Er orientierte sich dabei an Graf Rumfords Messungen der Explosivkraft von Schießpulver.

Welcher Druck war nötig, um das geschmolzene Karbonat »einzusperren«, so dass es keine Kohlensäure abgab? Das Maß für die Gewichte, mit denen der Druck ausgeübt wurde, war »cwt« (hundredweight = 112 brit. Pfund = 50,8 kg). Der in Abbildung 24 abgebildete Eisenklotz wog 8,1 cwt, ca. 411 kg, und konnte über Rollen und Gestänge zur Verminderung des Drucks auf den Tubus im Ofen leicht angehoben werden. Hall steigerte den Druck in Schritten von 2 cwt bis auf 8,1 cwt bei langsam steigender Temperatur von 20° auf 25° Wedgwood, wog das Karbonat und stellte den eingetretenen Gewichtsverlust in Prozent des Ausgangsgewichts fest. Je höher dieser Verlust, desto mehr Kohlensäure war entwichen. Seine Ergebnisse fasste er tabellarisch zusammen und präsentierte sie als atmosphärischen Druck, wobei der natürliche Luftdruck von 1 atm 10 m Wassersäule entspricht. Bei 52 atm oder »1700 feet of sea«, 520 m Wassersäule, und angemessener Hitze war Kalkstein entstanden, bei 86 atm entsprechend 3 000 Fuß, vollständiger Marmor, bei 173 atm oder 5 700 Fuß, etwas mehr als eine Meile Wassersäule, war das Karbonat komplett geschmolzen.

Die Umrechnung auf atmosphärischen Druck erlaubte einen eleganten Abgleich der Versuche mit den Annahmen der Theorie Huttons. Hall diskutierte seine experimentellen Ergebnisse an einigen vulkanischen Phänomenen, die er als junger Mann 1785 an Vesuv und Ätna beobachtet hat.

Er holte dazu weit aus und konnte sich einige spitze Bemerkungen zu den spekulativen Diskussionen seiner Zeit nicht verkneifen:

»Die ursprüngliche Quelle des inneren Feuers ist in große Dunkelheit gehüllt; und es gibt für mich keinen Grund zu entscheiden, ob es von einem riesigen zentralen Reservoir ausgeht oder durch örtliche Abläufe eines chemischen Prozesses hervorgebracht wird. Und ich sehe auch keine Notwendigkeit zu einer solchen Entscheidung: alles, was wir wissen müssen, ist, dass es ein inneres Feuer gibt, was niemand, der an die Ausbrüche des Vesuvs glaubt, bezweifeln kann. Zu verlangen, dass ein Mensch über das innere Feuer Rechenschaft ablegen soll, bevor es ihm erlaubt ist, es auf die Geologie anzuwenden, ist nicht weniger absurd als wenn man ihn davon abhielte über die Konstruktion eines Teleskopes nachzudenken, bevor er nicht die Natur der Sonne erklären kann oder Rechenschaft ablegt über die Entstehung von Licht. Aber während wir über die ersten Ursachen dieser ungeheuren Naturkraft im Ungewissen bleiben, können viele wichtige damit zusammenhängende Sachverhalte beobachtet und diskutiert werden«[114].

Dass das Feuer aus einer großen Tiefe kommen muss, bewiesen die vom Ätna herausgeschleuderten unversehrten Gesteine, die wie z. B. Gips und Marmor an der Erdoberfläche einem Feuer nicht widerstehen würden. Auch Gneis, Granit und andere Steine würden herausgeschleudert, sogar solche, die es nirgendwo auf der Oberfläche gäbe. Das beweise, dass das Feuer in tieferen Regionen seinen Ausgang genommen habe als das Bett, in dem die Steine ursprünglich gelagert waren. Die unregelmäßigen Variationen der Intensität vulkanischen Feuers erklärte auch eine der Bestandteile der Theorie Huttons: manche geologischen Formationen zeigten, dass dieselbe Substanz immer wieder Feuer ausgesetzt war, sie in den Intervallen abkühlte, sich umformte, bevor sie vom Feuer weiter verändert wurde.

Die Temperatur vulkanischen Feuers reiche vollkommen aus, um Effekte auf Kalkstein oder Lava wie in den Experimenten hervorzurufen. Lava würde schon bei 16° bis 18° Wedgwood zu Glas, allerdings nicht in der Natur. Dort sei selbst der kleinste Lavastrom zu dick, um so schnell abzukühlen wie zur Verglasung erforderlich. Tatsächlich bestehe der äußere Teil der Lava aus Substanzen, die sich bei 22° Wedgwood gebildet haben müssten, während die inneren Temperaturen von 27° oder 28° erforderten. Das hieße aber auch, dass kein Bestandteil der Lava, solange

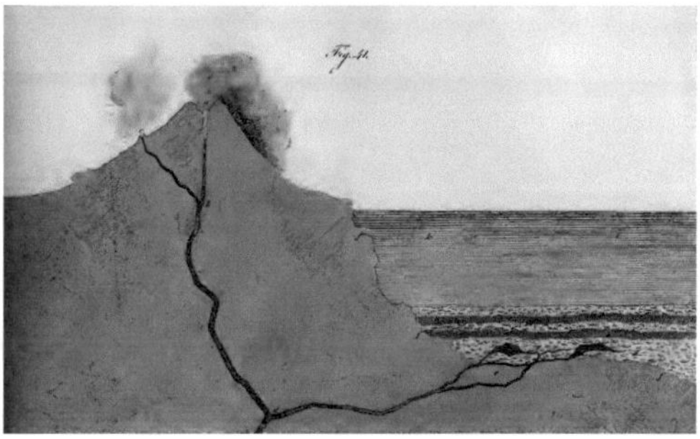

Abbildung 25

sie flüssig bleibt, weniger als 22° Wedgwood heiß sein kann. Genau bei dieser Temperatur sei es ihm gelungen Kalkstein unter Druck zu verflüssigen.

Welche Potentiale für das Verständnis geologischer Vorgänge Hall mit seinen Experimenten erschlossen hat, wird besonders deutlich an seiner kühnen Spekulation über die Vorgänge im Innern der Erde beim Aufstieg der Lava aus der Tiefe bis zum Überlaufen aus den Schloten (Abbildung 25). Nehmen wir einmal an, sagt er, ein Stück eines Kalksteins habe sich bei der Eruption aus seinem Bett gelöst und sei in den Lavastrom geraten und von ihm weitergetragen worden. Nach den Gesetzen der Hydrostatik müsste der Druck in der Lava mit der Tiefe steigen. Das spezifische Gewicht der Lava ist 2,8. Die Kohlensäure im Kalkstein kann unter Hitzeeinwirkung nur dann gebunden bleiben, wenn ein Druck von 1708 Fuß Wassersäule auf ihm lastet, das heißt auf das spezifische Gewicht der Lava angewandt, ein Druck von 600 Fuß Lava. Sobald nun die kalkhaltige Masse die letzten 600 Fuß bis zur Oberfläche durchlaufe, müsste die Kohlensäure freigesetzt und als Gas zusammen mit anderen Gasen die Eruption aufbrausen lassen, aber durch den Gasdruck das Gewicht der Lavasäule weit über den Druck einer entsprechenden Wassersäule erhöhen. Das wäre mehr als genug, um die Kohlensäure zu binden, der Kalkstein würde nicht oxidiert, sondern zu schmelzen beginnen. Falls die Eruption einen Moment innehalte, würde es zusammen mit der Lava kristallisieren und Knoten von Kalkspath bilden. In größeren Tiefen würde sich der Kalkstein selbst bei größter Hitze nicht zersetzen. Hall hatte damit die wesentlichen Ergebnisse seiner Experimente in einem Naturkreislauf untergebracht.

Er erweiterte das Szenarium und phantasierte einen unterirdischen und unterseeischen Lavastrom, der sich durch Risse im Gestein auf Grund der Verwerfungen bei der Eruption seinen Weg sucht. Hall nennt die dabei wirkende Kraft »violent hydrostatical pressure outwards«. Diese führe beim Ätna zu den zahlreichen seitlichen Rissen, aus denen mehr Lava als aus dem Zentralschlot ströme. In größerer Tiefe durchbreche Lava die am Meeresgrund lagernden Muschel- und Sandbänke, trockne sie unter

Entwicklung von Dampf, der aufsteige und dort, wohin die Hitze nicht mehr gelangen könne, kondensiere und vor sich hin köchelte. In diesem Stadium wäre die Unterseite der Muschelbänke im Meer trockener Hitze ausgesetzt. Zwei Szenarien wären nun denkbar: entweder würde die Kohlensäure entbunden und als »unkondensierbare elastische Flüssigkeit« fortgetragen, die darüber liegende Muschelbänke durchbreche und eine Eruption wie beim Santorin verursache, oder es werde die Flüchtigkeit der Kohlensäure durch das Gewicht des darüber liegenden Wassers unterdrückt und das weich gewordene und schmelzende Muschelbett in Kalkstein umgewandelt. Die bisher von Kapitänen gemessenen Meerestiefen erlaubten beide Szenarien.

Die in den Gängen erstarrte Lava verhindere weitere Eruptionen auf demselben Weg. Der Verschluss sei so stark, dass bei einer erneuten Eruption der ganze Vulkan weggesprengt werden könne. Der Monte Somma, der den Vesuv umarmt, müsste so ein Überrest eines in alle Richtungen explodierten Vulkans sein, und in kleinerem Ausmaß geschah mit dem inneren Konus, dem Vesuv, beim Ausbruch von 1794 dasselbe. Hall liefert auch Beispiele für Intrusionen von Lava in Gestein am Vesuv. Erdbeben vor einem Ausbruch seien womöglich auf diesen im Innern aufgebauten Druck zurückzuführen.

Hall diskutiert dann ausführlich wichtige Aspekte der Theorie Huttons und schließt: »Dieses Einzelergebnis erhöht, wie ich denke, die Wahrscheinlichkeit zugunsten einer Lösung, die Dr. Hutton an den Anfang aller geologischen Phänomenen gestellt hat; denn die Wahrheit seines am stärksten bezweifelten Prinzips, das er voraussetzte, wurde in der Folge durch ein zielgerichtetes Experiment bestätigt«[115].

Messung hoher Temperaturen

Das Wegdwood-Thermometer ist die Verzweiflungstat eines Steingutherstellers. Josiah Wegdwood konnte die notwendige Brennhitze für die Farbe eines gewünschtes Endprodukts nicht zielgerichtet steuern, erhielt Glas, wenn er es nicht wollte, grün statt gelb oder nur noch Bruchstücke. Manchmal genügte nur ein kleiner Überschuss von Hitze, um alle vorangehenden Anstrengungen zu zerstören. Die Kriterien rote, hellrote und weiße Glut hatten keine klar zu markierende Abgrenzungen. Weder Auge noch Sprache waren in der Lage, die feinen Veränderungen der Farbe bei steigender Hitze zu erkennen und zu benennen. »Die Kraft des Feu-

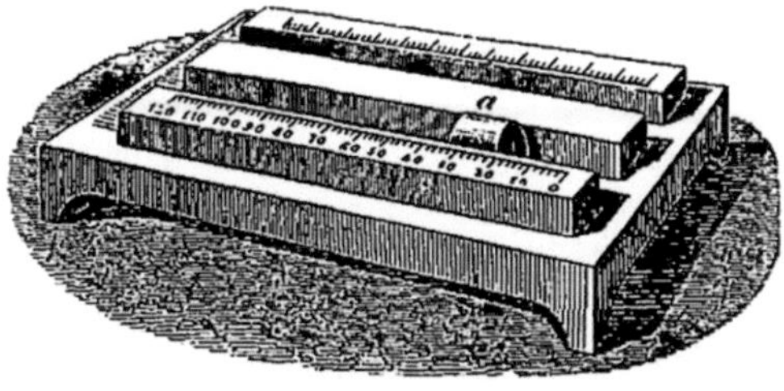

Fig. 214 ($l = 21$)

Abbildung 26: Wedgwood Pyrometer. A. Ganot, *Traité élémentaire de physique*. Paris 1868. S. 242. Das ursprüngliche Pyrometer mit der Skala von 0° Wedgwood bis 240° war 60 cm lang. Hier ist die Skala von 120° bis 240° abgetrennt und liegt oben. Der Einlass für den Messzylinder, am weitesten bei 0°, verjüngt sich. Sein Auslass ist so weit wie der Einlass des oberen Lineals. Die stärkste Schrumpfung des Messzylinders wird bei 240° erreicht. Danach schmilzt der Tonerdezylinder zu Glas und macht eine weitere Messung unmöglich. Weitere Erklärung im Text.

ers kann sowohl bei niederen als auch bei höheren Temperaturen nicht anders bestimmt werden als durch seine Wirkungen auf einen anderen bekannten Körper«[116].

Diesen anderen Körper fand er in einem besonders feinen Lehm von Cornwall, der weder Gips (Kalziumsulfat) noch eisenhaltige Erde enthielt. Er bestand aus feinkörnigen Silikaten, die beim Erhitzen unter Beibehaltung ihrer Silikatstruktur lediglich minimal schrumpften und Feuchtigkeit aus ihren Poren abgaben, ohne dass es zu chemischen Reaktionen kam, die eine Kalibrierung unmöglich gemacht hätte. Seine Eigenschaften schienen so reproduzierbar. Auch Sir James Hall mussten diese Eigenschaften bekannt gewesen sein, denn er hat den Lehm aus Cornwall für die Tuben in seinen Experimenten benutzt, bei denen auf keinen Fall kalkhaltige, bei Hitze flüchtige Gipsbeimengungen das Ergebnis beeinflussen durften.

Für das Thermometer wurde der an der Luft getrocknete Lehm durch Zugabe von Wasser von zwei Fünftel seines Gewichts weich gemacht und in einem Metallraster zu kleinen, exakt seitenparalellen Zylindern geformt, ca. 1x1,5x2, 5 cm groß. Sie passten sich ein in die mittige Vertiefung eines rund 60 cm langen Messinglineals, die sich zum anderen Ende leicht verjüngte (Abbildung 26). Je stärker die Ofenhitze, denen diese kleinen Zylinder ausgesetzt waren, desto stärker die Schrumpfung und desto weiter konnten sie im Lineal Richtung Spitze vorgeschoben werden. Der erhitzte Zylinder wurde vor der Messung in kaltem Wasser abgeschreckt. In seiner Veröffentlichung von 1786 musste sich Wedgwood mit den zahlreichen Unwägbarkeiten dieser Vorbereitungen auseinandersetzen, die im Verlauf einer jahrelangen Messpraxis einige Überraschungen bereitgehalten hatte. So war es z. B. unumgänglich, den Lehm sehr intensiv zu durchmischen, da seine Zusammensetzung eben doch, und das schon bei kleinen Portionen, erheblich schwanken konnte. Der »standard degree of diminuition« war wegen dieser voneinander abweichenden Mischung der Substanzen und daraus resultierender unkalkulierbarer Wasseraufnahme nicht leicht herzustellen. In der Anfangsphase wechselten Ausdehnung und Kontraktion des Materials einander ab, aber Wedgwood hielt nach vielen Experimenten daran fest, dass seine Zylinder nach dem ersten Brennen trotz dieser Differenzen unter großer Hitze nur noch schrumpften und eine Messung erlaubten. An diesem Punkt begann die »thermometric diminuition«. Sie hielt so lange an, bis der Ton verglaste, dabei an Volumen zunahm und sich schließlich verflüssigte. Der Beginn der Verglasung markierte deshalb das Ende der Möglichkeit einer Messung.

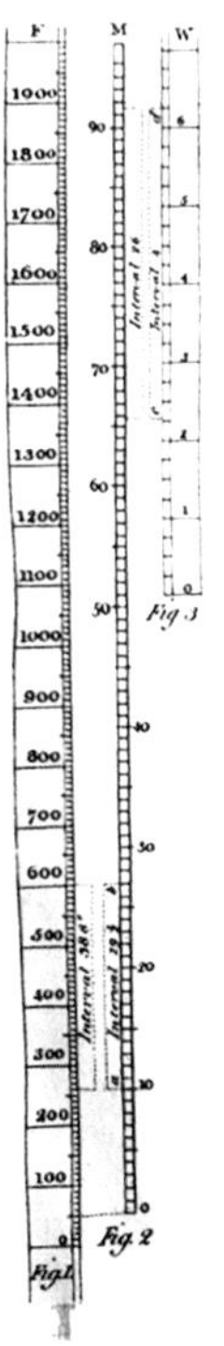

Wie wurde kalibriert? (Abbildung 27) Jeder Abteilung zwischen zwei Markierungen auf dem Lineal entsprach der Schrumpfung von einem sechshundertstel der Breite des kleinen Zylinders. Wedgwood war der Meinung, seine Skala beginne mit ca. 1 077° Fahrenheit, entsprechend 580° Celsius, der Temperatur der roten Hitze, weit oberhalb des Siedepunkts von Quecksilber von 356° C, der den Gebrauch der Quecksilberthermometer für hohe Temperaturen begrenzte. Jeder Markierung entsprächen Schritte von 130° Fahrenheit bzw. 54° Celsius, bis nach 240 Schritten mit 32 277° Fahrenheit (17 914° C) der höchste Punkt erreicht war.

Zwischen 580° C, dem Punkt null der Wedgwood-Skala, und 356° C, dem Schmelzpunkt des Quecksilbers, hatte Wedgwood eine Brücke zu bauen versucht, um die beiden unvereinbaren Messmethoden für niedere und hohe Tem-

Abbildung 27: Der missglückte Versuch Wedgwoods, eine Brücke zwischen seiner Skala und der Fahrenheits zu bauen. Links die Skala Fahrenheits (F), in der Mitte die Silberskala (M) und rechts die Wedgwood Skala (W). 0° der Silberskala lag bei 50° Fahrenheit, 0° der Wedwoodskala bei 1 077° Fahrenheit. Aus: *The Repertory of Arts and Manufactures*. London 1797. Vol. VII, Plate XI.

peraturen mit der für niedere Temperaturen gebräuchlichen Fahrenheitskala zu vereinen. Nach vielen schwierigen und vergeblichen Versuchen, bei denen ihm auch die schon bei kurzen Distanzen variable Verteilung der Hitze in einem zu kleinen Ofen und die unterschiedliche Wärmeaufnahme der Materialien bewusst geworden war, legte er sich auf die Ausdehnung von Silberstücken unter Hitzeeinwirkung in einem großen Eisenofen fest. Deren Länge wurde kalt gemessen und ihre Ausdehnung bei Steigerung der Temperatur bestimmt. Sie erfolgte bei den Temperaturen, um die es bei dem Brückenbau zwischen niederen und hohen Temperaturen ging, einigermaßen gleichmäßig, so dass Wedgwood glaubte, die nach Fahrenheit gewonnen Ausdehnungskoeffizienten auf höhere Temperaturen hochrechnen zu können. Er lag damit völlig daneben. Den Schmelzpunkt von Silber zum Beispiel fand er bei 28° Wedgwood, das entspräche nach seiner Maßeinteilung in Fahrenheit, auf Celsius umgerechnet 2603°, war also um 1641° Celsius zu hoch.

Den kleinen Messzylinder setzte er auf den Rand des Schmelztiegels. War dieser groß, versuchte er, ihn möglichst nah an die Substanz heranzuführen, die der Hitze ausgesetzt war. Natürlich war die Masse des zu brennenden Tons deutlich größer als der Messzylinder. Er hatte schon nach kurzer Zeit die Temperatur des Ofens angenommen, während die viel größere Masse der zu brennenden Tonmischung erst später gleichmäßig erwärmt worden war. Wedgwood glaubte, dieses Problem vernachlässigen zu können, wenn er die Ofenwärme durch geschickte Steuerung eine Zeitlang stabil halten konnte.

Obwohl die Wedgwood-Skala für Temperaturangaben in den gebräuchlichen Systemen für niedere Temperaturen, Réaumur, Fahrenheit und Celsius, absolut unbrauchbar war, erlaubte sie doch innerhalb der Praxis der Keramik- und Glasherstellung und innerhalb seiner Skala eine etwas bessere Überwachung der wirksamen Hitze als nur nach Augenschein. Das Pyrometer war fast einhundert Jahre in Gebrauch[117]. Eine Umrechnung auf Celsius ergibt phantastisch überhöhte Werte, weshalb ich sie bei Halls Experimenten unterlassen habe.

Horace-Bénédict de Saussure hat 1794 versucht, seine mit dem Lötrohr gewonnenen Erfahrungen über die Schmelzbarkeit von 120 Mineralien in die Wegdwood-Skala einzuordnen. Er hätte seine Versuche gerne im Hochofen vorgenommen, um einigermaßen verlässliche Ergebnisse zu erzielen, aber Holz war knapp im revolutionär durchgeschüttelten Genf. Seine Anfangsüberlegung: Verschiedene Körper von gleicher Größe unterscheiden sich in ihren Schmelzpunkten, weil sie unterschiedliche

Mengen an Wärmestoff aufnehmen. Gleiche Körper von doppelter Größe nehmen die doppelte Menge an Wärmestoff auf. Wenn es also gelänge, für jeden Kristall den Punkt anzugeben, wo er kleine Kügelchen formt, bevor er endgültig zu schmelzen beginnt, könnte man die Größe dieser Kügelchen in Beziehung setzen zur Größe des Referenzkügelchens aus der Skala Wedgwoods und könnte so die Zwischenstufen zwischen zwei Referenzpunkten berechnen[118].

Wie Wedgwood benutzte er für den unteren Referenzpunkt wegen seiner Reinheit eine genau vermessene Menge Silber zur Kalibrierung, das er auf einer Kohle mit Hilfe einer Kerze und Anfachen der Flamme durch ein Lötrohr zu Kügelchen schmolz. Die Größe dieser Kügelchen war dann das Maß für 28° Wedgwood, das dieser beim Versuch, die Fahrenheitskala mit der seinigen zu verbinden, durch den Schmelzpunkt von Silber gefunden zu haben glaubte. Dasselbe machte er mit Eisen für den oberen Referenzpunkt, für dessen Schmelzpunkt Wedgwood 126° seiner Skala angegeben hatte. So mit zwei Fixpunkten ausgerüstet, schmolz er Kristallteilchen derselben Größe im Fokus des Lötrohrs, maß die Größe der eingeschmolzenen Kügelchen und bezog dieses Maß auf die geschmolzenen Silber- bzw. Eisenkügelchen.

Saussures Versuch, die Schmelzpunkte von Kristallen zu unterscheiden, mutet von heute aus gesehen abenteuerlich an. Sie ergab immerhin einige ganz grobe Anhaltspunkte, aber, so Saussure: »Im Allgemeinen kann man sagen, dass wir in der Theorie des Feuers zu wenig fortgeschritten sind, um uns *a priori* richtige Ideen von den Beziehungen der Zahlen zu machen, mit denen wir seine Energie messen wollen«.

Alle diese gebastelten und nur selten exakt reproduzierbaren Versuchsanordnungen mit dem Wedgwoodthermometer haben schließlich zu einer Flut von Messungen über die Wärmeleitung in Metallen geführt, deren Ausdehnung unter Hitze zur Grundlage für das Messen hoher Temperaturen gemacht werden sollten. Jean-Baptiste Biot hat das mit Eisen versucht, aber als heißer Kandidat entpuppte sich Platin mit seinem hohen Schmelzpunkt von 1 768° Celsius und einer ordentlichen Wärmeleitfähigkeit.

Von Seiten der französischen Chemiker und Mineralogen gab es schon bald erhebliche Einwände gegen die Aussagekraft der Messergebnisse Wedgwoods. Alexandre Brogniart (1770–1847) zum Beispiel, der Direktor der Porzellanmanufaktur von Sèvres, nannte das Pyrometer Wedgwoods »sehr unvollkommen«, versuchte sich an einem eigenen und musste feststellen, dass er für exaktes Messen noch weniger zu gebrauchen war als Wegdwoods Pyrometer[119]. Die Einwände verschiedener Wissenschaftler reichten bis 1798 zurück und betrafen vor allem die Reproduzierbarkeit des Ausgangsmaterials. Sie bezweifelten die chemischen Analysen, die Wedgwood zur Zusammensetzung des Lehms in den kleinen Zylindern gemacht hatte, wobei sie insbesondere das Verhältnis von Silikaten zum Aluminium des Tons und eventuelle Verunreinigungen im Blick hatten, die sie völlig zurecht für sein stark variables Verhalten unter Hitzeeinwirkung verantwortlich machten.

Louis Bernard Guyton de Morveau (1737–1816) hat sich 1810 nach einer ausführlichen Darstellung der Methode Wedgwoods intensiv mit diesen und anderen Einwänden gegen ihre Brauchbarkeit auseinandergesetzt und Wedgwood in Schutz genommen. Alle Einwände basierten auf unterschiedlichen Tonen, aber Wegdwood habe ja gerade versucht, seinen Ton als Standard zu setzen. Man sei bei der Herstellung der Messzylinder mit genau denselben Problemen konfrontiert wie bei der Herstellung von Töpferware. Auch da ginge es darum, eine gleichbleibende Qualität zu erreichen. Die Zylinder Wedgwoods zeichneten sich im Gegensatz zum Material der Töpferei dadurch aus, dass man sie, weil vorher schon bei rotglühender Hitze gebacken, ohne Weiteres in eine sehr heiße Weißglut werfen könne, ohne dass sie zerbrächen.

Guyton de Morveau mit seinen zahlreichen Erfahrungen in der industriellen Chemie wusste genau, wie wichtig die Regierung des Feuers und das Einhalten definierter Temperaturen und deren Dauer in der Porzellan- und Glasherstellung war. Aber er bezweifelte, dass dies bei der Temperaturmessung von Bedeutung wäre, wie von einigen Kritikern der Methode Wedgwoods behauptet wurde:

Man lege ein Thermometer in die Sonne, warte, bis die Quecksilbersäule nicht weiter steigt, nehme ein zweites mit einer Ausgangstemperatur 15° niedriger, und nach 10 Minuten hat es genau die gleiche Temperatur wie das erstplazierte angenommen und bleibe dabei. Die Dauer der Wärmeeinwirkung spiele also bei der Messung nur anfangs eine Rolle, solange, bis die Messsubstanz die Umgebungstemperatur angenommen hat. Im umgekehrten Fall, also nicht Ausdehnung des flüssigen Quecksilbers im Thermometer, sondern Schrumpfen des Festkörpers Tonzylinder, dürfte dieser auch bei lang anhaltender gleichbleibender Hitze nicht weiter an Volumen verlieren. Wer das Gegenteil behaupte, gehe von einer Zunahme der »Intensität der Wärme« bei gleicher Temperatur aus. Was »Intensität der Wärme« exakt bedeutet, sagte er nicht. Meinte er die Intensität der Wärmestrahlung oder die Menge eines irgendwie gearteten Wärmestoffs, die nicht weiter steigen? Die Versuche Pictets 20 Jahre und Rumfords 10 Jahre zuvor hatten offensichtlich noch keine praktischen Auswirkungen, und die Theorie des Feuers war auch 12 Jahre nach Saussures Versuchsreihe zur Schmelzbarkeit der Mineralien immer noch nicht fortgeschritten genug, um sich ein klares Bild über die Beziehung zwischen Temperatur und Wärmemenge der beteiligten Substanzen zu verschaffen[120].

Instrumente für den reisenden Geologen

Die Alpinisten, die wissenschaftlich unterwegs waren, haben sich Horace-Bénédict de Saussure zum Vorbild genommen. Sie kannten sich wie er in der Pflanzenwelt aus, sie entpuppten sich als Meteorologen, maßen Temperatur, Luftfeuchtigkeit, Luftelektrizität, Luftdruck und Magnetismus, und sie verhielten sich wie Geometer, die mit Kompass und integriertem Diopterlineal Karten erstellen und mit dem Barometer Höhen vermessen, oder wie Chemiker, die mit Eudiometern die Bestandteile der Luft bestimmen. Natürlich waren sie auch Geologen mit Hammer und Säge, die Gesteine zerlegten, Mineralien sammelten, Schichtenfolgen festhielten und sich Gedanken über den Ursprung des Granits machten.

Von allen Messgeräten, die den Weg in den Rucksack gefunden hatten, waren Thermometer und Barometer wegen ihrer empfindlichen quecksilbergefüllten Glasröhren bei jedem Ausrutscher am meisten durch Bruch gefährdet. Das tragbare, von Deluc konzipierte und von Paul gefertigte Barometer mit integriertem Thermometer, das Saussure 1787 für zwei Messungen auf dem Gipfel des Mont Blanc benutzte, war 99 cm lang, 9,5 cm breit und 6,5 cm tief (Abbildung 28). Ein langer gebogener Glastubus mit Armen von unterschiedlicher Länge war am deutlich kürzeren Arm oben offen. Um den Quecksilberinhalt während des Transportes nicht zu verlieren, wurde er in den langen Tubus transferiert und mit einem Hahn aus Elfenbein verschlossen, so dass sich das Quecksilber nicht mehr bewegen konnte. Es hätte sonst bei seiner Dichte, 14 mal größer ist als die der Luft, den Glastubus zerbrochen. Der vollkommen glatte lange Tubus war ein Meisterwerk der Glasbläserkunst.

Aus dem gleichen Grund war schon das Füllen mit Quecksilber eine heikle Angelegenheit, für Barometer und Thermometer gleichermaßen. Deluc schlug deshalb vor, den oberen verschlossenen Teil aus dickerem Glas zu verfertigen, damit es beim Füllen nicht zerbrach. Bei Thermometern, die für hohe Temperaturen vorgesehen waren, durfte auch nicht

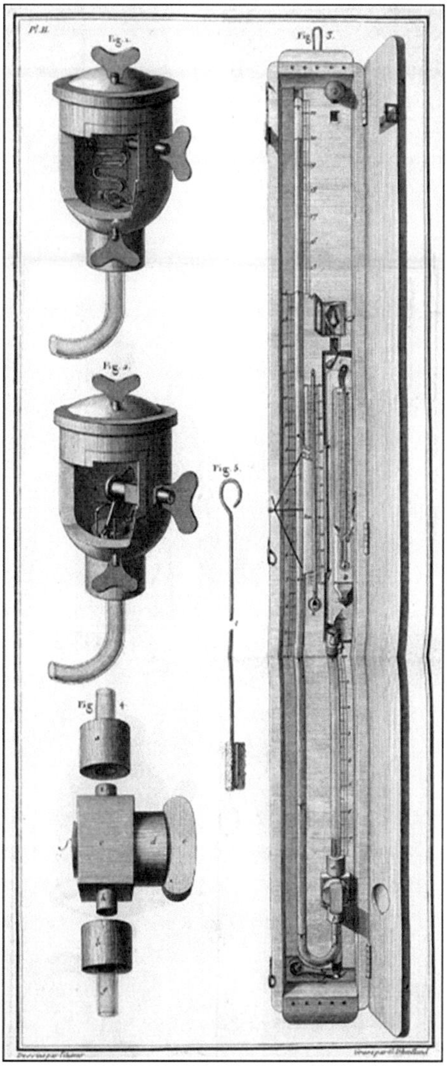

Abbildung 28: Barometer von Deluc 1772. Jean-André Deluc, *Recherches sur les modifications de l'Atmosphère*. Genève 1772. Erklärung im Text.

ein einziges Luftbläschen im Quecksilber zurückbleiben, da sich in ihnen beim Erhitzen Quecksilberdämpfe ausbreiteten und das Ergebnis verfälschten. Mehrfaches Kochen vor dem Einfüllen sollte das verhindern. Außerdem gab Deluc den Rat, das Thermometer niemals zu kippen, weil sonst in die kleine Messkugel unten Luftreste aus dem Quecksilber aufstiegen. Was das für den Transport in schwierigem Gelände bedeutete, kann man sich gut vorstellen. Eine Schnur mit Bleigewicht musste die senkrechte Aufstellung des Gerätes garantieren.

Rechts neben dem Barometer Delucs befindet sich ein gut durch einen Holzrahmen geschütztes Thermometer. Es war abnehmbar und diente der Messung der Lufttemperatur. Ein zweites, zwischen dem abnehmbaren und dem Barometer fest eingebautes Thermometer, maß die Temperatur der Quecksilbersäule mit einer eigenen Skala. Weil die Temperatur das Niveau des Quecksilbers im Barometer merklich beeinflusste, wurden Temperatur und Luftdruck immer zusammen abgelesen und die gemessenen Werte des Barometers auf eine Temperatur von 10° Réaumur, (12, 5° Celsius) bezogen. Das hatte ganz praktische Gründe. Die 12,5° C lagen ungefähr in der Mitte der Temperaturen, bei denen

Barometermessungen durchgeführt wurden. Warum zwei Thermometer? Damit wollte Deluc sicherstellen, dass die Temperatur des Quecksilbers der der freien Luft entspricht. Die Ausdehnung von Quecksilber und Luft mussten synchron verlaufen, wenn man Höhen messen wollte.

Deluc hatte außerdem bemerkt, dass allein die unterschiedliche Größe der Instrumente ausreichte, um die Wärme im Kasten ungleich zu verteilen und so die Messergebnisse zu verfälschen. Er sorgte deshalb immer für Schatten, hängte sich das Gerät an einem Riemen über die Schulter und spannte einen Sonnenschirm auf, selbst wenn er gerade nicht messen wollte. Wenn zwei Barometer zur Höhenmessung eingesetzt wurden, wie das Horace-Bénédict de Saussure auf dem Gipfel des Mont Blanc und sein Sohn Nicolas-Théodore zur gleichen Zeit an seiner Basis gemacht haben, führten unterschiedliche Temperaturen zu großen Fehlern in der auf den Luftdruck bezogenen Berechnung der Höhe. Bei gleicher Temperatur gab es keine Probleme, weil »die Kondensation des Quecksilbers« dieselbe war. Bei höheren Temperaturen stieg die Quecksilbersäule im Barometer schneller an als es dem Effekt des Luftdrucks alleine entsprochen hätte, bei einer Temperaturabweichung nach unten entsprechend weniger. Eine Korrektur war fällig, und die musste zwischen den Skalen des Thermometers und der viel längeren des Barometers geeicht werden. Von der Temperatur des Eises bis zu der des kochenden Wassers stieg das Barometer auf einer Höhe, die einem Luftdruck von 73 cm entsprach, um sechs *lignes*, ca. 13,5 cm. Das war eine Abweichung um 0,135 cm pro Grad Temperaturänderung, die berücksichtigt werden musste. Die dazu nötige graphische Darstellung hatte Deluc auf Papier gezeichnet, die zum Ablesen an die Barometer- und Thermometerskalen gehalten wurden, auf dem Mont Blanc bestimmt ein penibles Unterfangen. Pictet gravierte die Zeichnung deshalb auf eine fest installierte und verschiebbare Messingplatte, eine große Erleichterung unter widrigen Bedingungen[121].

Delucs eigentliches Ziel war die Höhenmessung mit dem Barometer. Er brauchte Referenzwerte, die er geometrisch mit einem zur Bestimmung von Sternhöhen üblichen dreiarmigen, 42 Kilo schweren Messingquadranten vom berühmten englischstämmigen Instrumentenbauer Michael Butterfield (1635–1724) in Paris ausmessen konnte (Abbildung 29). Das war in den den Bergen ein schwieriges Unterfangen, weil Blickachsen gestört und vollkommene Ebenen, auf die der Quadrant exakt senkrecht gestellt werden musste, praktisch nicht vorkommen. Am besten gelang das noch auf einer Straße am Fuß des Mont Salève bei Genf. An alle anderen Orten transportierten er und sein Bruder Plattformen und richteten nivellierte Stationen ein. Um den Druck auf Meereshöhe zu bestimmen, fuhr er nach Genua. Später stellte er fest, dass das gar nicht nötig gewesen wäre. Die Höhenmessung mit dem Barometer funktionierte auch ohne Kenntnis des Drucks auf Meereshöhe, nachdem das Barometer mit Hilfe der Referenzhöhen seiner Stationen in gleichen Abständen geeicht worden war. Als Leopold von Buch 1798 von Salzburg über den Brenner ging, hat er als Referenz den »mittleren Barometerstand« in den venetianischen Lagunen genommen, der ihm von *Abbé* Vincenzo Chiminello (1741–1815), Professor der Meteorologie und Astronomie in Padua, mitgeteilt worden war[122].

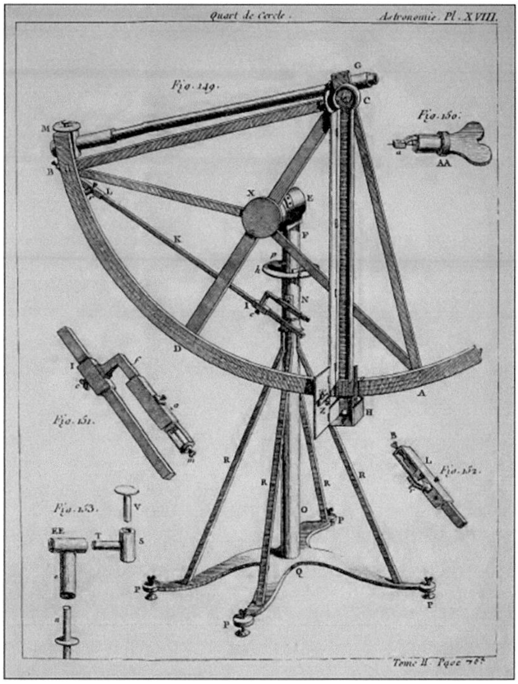

Abbildung 29: Mobiler Quadrant, wie er von Deluc benutzt wurde. Aus: De la Lande, *Astronomie*. 2. Ausgabe Paris 1771. Tome 2, S. 768 (Text S. 757).

Man kann sich die Schwierigkeiten, in denen Deluc steckte, als er auf seinen Stationen einen im Tagesverlauf schwankenden Luftdruck feststellte, lebhaft vorstellen, denn er wusste nichts von Hoch- und Tiefdruckgebieten, die das Wetter bestimmen. Noch eine Generation später machte Leopold von Buch etwas diffus »kosmische Effekte« für diese Schwankungen verantwortlich und meinte damit die Jahreszeiten, den Rhythmus von Tag und Nacht, die Rückkehr des Mondes und die Verweildauer von Sonne und Mond hinter dem Horizont[123]. Deluc hatte aus diesen Variationen der Barometeranzeige am gleichen Ort ohne Temperaturänderung den Schluss gezogen, dass dieselben Änderungen auch in der Luftsäule senkrecht darüber eingetreten sein müssten. Die Differenz in der Barometeranzeige zwischen der Messung in der Ebene und der in den Bergen bliebe also gleich und hätte somit keinen Einfluss auf die

Höhenmessung. Letztlich war nur die Temperatur am Ort des Messens zu berücksichtigen, dem er mit dem Einbau eines Thermometers Rechnung getragen hat[124]. Er brauchte jetzt nur noch das Gewicht einer Luftsäule von bestimmter Höhe auf das dem ihr entsprechenden Gewicht einer Quecksilbersäule umzurechnen, um den Glastubus des Barometers zu eichen. Saussure hat mit Delucs Barometer die Höhe des Mont Blancs mit 4775 m nur 35 m zu niedrig gemessen.

Ein Vierteljahrhundert später war die Höhenmessung viel einfacher geworden. Fast euphorisch schreibt Johann Friedrich Benzenber (1777–1846), die Höhenmessung mit dem Barometer gehöre zu den leichtesten und angenehmsten Beschäftigungen der praktischen Geometrie:

»Nichts ist angenehmer als mit einem Spazierstocke, der ein Barometer enthält, die Berge zu besteigen, um ihre Höhe zu bestimmen, oder die Thäler zu durchstreichen, um das Gefälle der Flüsse und Bäche zu untersuchen. Die Beobachtung ist leicht gemacht, 5 bis 10 Minuten reichen hin, und ebenso leicht ist die Rechnung, die blos auf den vier Species beruht, und weder algebraische noch andere mathematische Kenntnisse voraussetzt. Der Instrumentenvorrath, den man mit sich führt, ist klein. Ein Barometer, ein Paar Thermometer und Paar Bogen Hülfstafeln ist alles, was man braucht, und die ganze Ausgabe beläuft sich auf etwa 4 oder 5 Louisd'or«.

Der »Mechanicus Baumann in Stuttgardt« hatte dieses Barometer in einen innen mit Leder ausgekleideten Zylinder aus Messing gesteckt und das Ganze bruchsicher in den ebenfalls mit Leder ausgekleideten Stock »wie man dies wohl bei Angelruthen hat«. Grundsätzlich sollten die Beobachtungen nur erfolgen, wenn das Wetter beständig ist. Er wusste jetzt, »Je veränderlicher der Druck durch meteorologische Ursachen ist, desto unsicherer werden die Höhenmessungen, die von dem Grundsatze ausgehen: dass der Druck der Atmosphäre sich nur im Verhältnisse der Höhe ändert«. Und bei hohen Bergen habe man sehr genau auf die Temperaturveränderungen zu achten, weil sie dann einen bedeutenden Einfluss auf Rechnung haben[125] (Abbildung 30).

Auch Saussures tragbares Haarhygrometer zur Messung der Luftfeuchtigkeit war mit einem in den Messingrahmen integrierten Thermometer versehen und konnte in einem flachen und leichten Holzetui in die Tasche gesteckt werden. Beim Herausziehen war große Vorsicht geboten, damit das Haar nicht riss und die feine Nadel der Skala nicht brach. Der Instru-

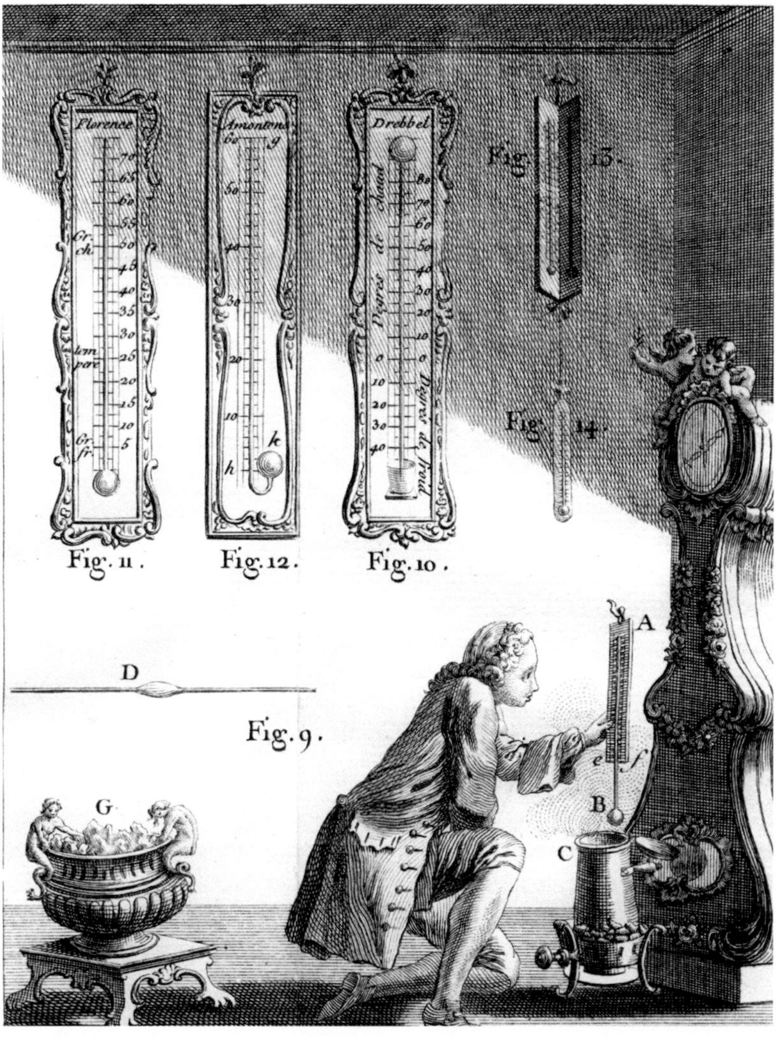

Abbildung 30: Thermometer aus der ersten Hälfte des 18. Jahrhunderts. Links das florentinische, in der Mitte das von Guillaume Amontons und rechts das von Cornelius Drebbel. Fig. 13 und 14 zeigen portable Thermometer verschiedener Größe. In der Szene unten wird ein Thermometer geeicht. Rechts war die Kugel B in siedendes Wasser getaucht, links ein Gefäß mit einer Eis-Wassermischung für den Gefrierpunkt. Der Instrumentenbauer Jacques Paul aus Genf hat während seiner Ausbildung in Paris die in höheren Kreisen beliebten Demonstrationen des Abbé Nollet besucht. Aus: *Abbé Nollet, Leçons de physique expérimentale*. Tome 4. Paris 1748.

mentenbauer Jacques Paul hat seinem Bestseller, von dem er in wenigen Jahren 150 Stück verkaufte, eine detaillierte Anleitung beigefügt, wie das Instrument vorsichtig aus dem Etui zu ziehen und welche Schraube in welcher Reihenfolge zu lösen ist, um die Transportblockade zu beenden (Abbildung 31, S. 126/127). Man stelle sich einmal vor, wie heikel die Manipulationen mit klammen Fingern bei heftigen Winden an vereisten Abhängen gewesen sein muss. Saussure verlangte darüber hinaus, das Gerät bei der Messung an einen Baum oder einen Stock zu hängen oder mit ausgestrecktem Arm möglichst weit weg von den Ausdünstungen des Körpers zehn bis zwölf Minuten zu halten, bevor die Skala mit der Lupe abgelesen werden konnte[126].

Auf den ersten Blick sieht es so aus als hätte sich der Geologe unterwegs hauptsächlich mit Meteorologie beschäftigt. Dieser Eindruck täuscht. Die Daten, die wir heute mit der Wettervorhersage verbinden, dienten der Beseitigung fundamentaler Unkenntnisse und der Klärung konkurrierender Theorien über die Natur der Erdwärme, über den Einfluss der Atmosphäre auf die Sonneneinstrahlung und über den Zusammenhang zwischen Luftdruck, Höhe und Temperatur. Das Barometer war vor allem ein Höhenmesser, den man zur Konstruktion des Reliefs der Erde und zur exakten Bestimmung des Verlaufs von Gesteinsschichten brauchte. Auch der Hypsometer zur Bestimmung der Temperatur kochenden Wassers diente der Höhenbestimmung über dem Meeresspiegel. Bei der Messung der Luftfeuchtigkeit ging es wieder um ihren Einfluss auf die Sonneneinstrahlung und auf das Wachstum der Gletscher. Die Geologie wurde auch deshalb zur Wissenschaft, weil sie diese meteorologischen Daten nicht wegen des Wetters, sondern zur Klärung geologischer Fragestellungen erhoben hat. Für alle Messungen galt: ohne Thermometer kein verwertbares Ergebnis.

Saussure war entgegen der von vielen Geologen favorisierten Vorstellung von einem inneren Erdfeuer davon überzeugt, dass es die Sonneneinstrahlung ist, die die Erdwärme hervorruft, und dass die Erde ohne sie eine Kugel aus Eis »bis zu ihrem Zentrum« wäre[127]. Diese Auffassung wird im Kapitel über die Gletscher seiner *Voyages dans les Alpes* besonders deutlich:

»Unsere Erde hat von der Sonne, und vielleicht durch andere Ursachen, die uns nicht gut bekannt sind, einen gewissen Grad an Wärme erhalten, die in den festen Teilen unseres Globus als gleichförmig bis zu einer Tiefe von 60 bis 80 Fuß gelten kann; und die in denselben Teilen und derselben

Tiefe durch Änderungen der Jahreszeiten nicht merklich berührt wird. Das ist die Wärme, die ich *die innere Wärme der Erde* nenne. Man spürt sie trotz der Kälte des Winters an allen Körpern, die, vergraben in der Erde oder an ihrer Oberfläche der Einwirkung der Kälte lange genug ausgesetzt sind«[128].

Diese Wärme könne niemals bis zum Zentrum der Erde vordringen, und daher sei das Zentrum der kälteste Punkt der Erde.

Andere haben unter innerer Wärme ein Zentralfeuer verstanden oder zumindest eine große Hitze wie Hutton und Hall, die sie für die Entstehung der Gesteine verantwortlich machten und die den Vulkanismus erklären konnte. Für Saussure hörte die der Sonne zugeschriebene innere Wärme in rund 250 m Tiefe auf.

In den bisher zugänglichen Tiefen von Bergwerken stieg das Thermometer wie auch in den tiefen Kellern des Pariser Observatoriums, ohne sich mit der Jahreszeit zu ändern, nicht weiter als 12° Celsius, dem *Tempéré* seines Landsmanns und Berner Staatsgefangenen Micheli du Chrest (1690–1766), das dieser zum Ausgangspunkt einer eigenen Thermometerskala gemacht hatte. Diese Wärme, so Saussure, sei für das Schmelzwasser an der Basis der Gletscher verantwortlich, selbst im Winter, wenn das Eis an der Oberfläche so hart gefroren ist, dass beladene Mulis nur Spuren wie auf Felsgestein hinterlassen. Auf seinem ausgedehnten Besitz in Conches an der Arve, einen Kilometer südlich von Genf, versenkte er eine Holzstange, in die er zwei von außen ablesbare Thermometer eingebaut hatte, einige Stunden lang in ein enges Erdloch. Bis vier Fuß Tiefe stieg die Temperatur auf 15° Celsius an, um danach auf 12° Celsius, sein *Tempéré* abzusinken und dort zu verharren. Er hatte mit dieser Technik tatsächlich die Erdtemperatur bis in 10 m Tiefe und nicht die der Luft gemessen[129].

Saussure begnügte sich nicht mit Messungen in Brunnenschächten, Höhlen oder selbst gegrabenen Löchern, um seine Theorie zu beweisen. Er konstruierte eine durch einen Eisenring verstärkte Taucherglocke aus Holz mit einem in Wachs auf einem Eisenrost eingebetteten Thermometer und Bleiballast und versenkte sie auf den Grund von sieben Schweizer Seen und bis zu 600 m tief ins Meer vor Porto Fino und Nizza. Es war ein Weingeistthermometer, das viel langsamer auf Temperaturänderungen reagiert als ein quecksilbergefülltes, so dass sich die Temperatur beim Hochwinden der Glocke nicht merklich veränderte. Am Grund der Seen lag die Wassertemperatur um 4° Celsius, in der Tiefe des Meeres bei 15°

Abbildung 31: Anleitung, die man lesen sollte, bevor man das Hygrometer aus seinem Etui holt.

Wenn man mit dem Hygrometer Untersuchungen machen will, muss man ihn so aus dem Etui ziehen, dass dabei weder das Haar, noch der Zeiger, noch die Schraube C, die oben am Instrument ist, berührt werden.

Dann muss man ihn in der linken Hand senkrecht und mit den Fingern so halten, wie das in der Abbildung gezeigt wird. Der Zeigefinger muss sich leicht auf den Zeiger stützen und seine Bewegung verhindern, wenn er aus der Zange befreit wird, die ihn festgehalten hat, damit beim Zurückziehen dieser Zange der Zeiger nicht durch eine große Bewegung das Haar zerreißt oder gezerrt wird. Während der Finger in dieser Position ist, muss man mit der rechten Hand zuerst die Schraube A lockern, die die Zange geschlossen hält, dann die Schraube B, die die Zange ebenfalls festhält; und dann ganz vorsichtig den gesamten Körper des Zeigers zurückziehen, indem man an der Schraube B dreht wie an einer Achse, bis sie sich am Fuß des Instruments befindet, so wie das mit Punkten markiert ist: Man befestigt ihn in dieser Position durch Festdrehen der Schraube B, und mit dem jetzt vollkommen freien Zeiger kann man das Hygrometer in Gebrauch nehmen.

Ebenso wie auf der Abbildung gezeigt verfährt man, wenn man ihn wieder ins Etui stecken will, um ihn zu transportieren, herunterdrücken des Zeigers mit dem Finger, bis er sich gegenüber von 40 oder 50 Grad befindet, damit sich das Haar, wenn es im Etui trocknet, frei zusammenziehen kann. Während der Finger so den Zeiger festhält, muss man die Zange so weit drehen, bis ihre beiden oberen Schnabel an der Achse des Zeigers angekommen sind, wie man es auf der Abilddung sieht, und so die doppelte Scheibe umarmen, um die sich das Haar und die Schnur des Gegengewichts aufrollen. Man muss darauf achten, dass sich das Gegengewicht zwischen den beiden unteren Schnabeln der Zange befindet. Man dreht dann die Schraube A zu und danach die Schraube B, bis man spürt, dass der Zeiger, das Gegengewicht und die Zange solide fixiert sind.

Aus: Margarida Archinard, *Collection de Saussure*. Musée d'art et d'histoire de Genève. Genf 1979, S. 10. Übersetzung H.V. Avec l'aimable autorisation du Muséum d'histoire naturelle de la Ville de Genève et de son site du Musée d'histoire des sciences.

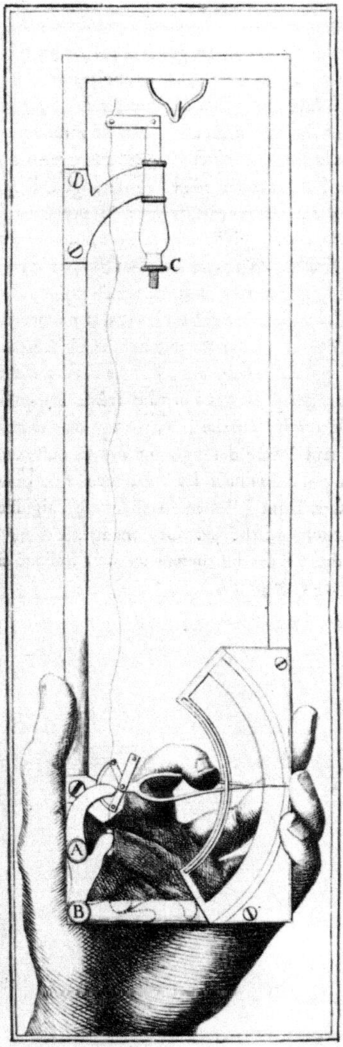

AVIS

Qu'il convient de lire avant de ſortir l'Hygromètre de ſon étui.

LORSQU'ON veut mettre l'hygromètre en expérience, il faut commencer par le retirer de ſon étui, en prenant bien garde de ne toucher ni au cheveu, ni à l'aiguille, ni à la vis *C* qui eſt au haut de l'inſtrument.

Il faut enſuite le ſaiſir de la main gauche, en le tenant dans une ſituation verticale avec les doigts placés comme ils le ſont dans cette figure. Le doigt index doit s'appuyer légérement ſur l'aiguille & l'empêcher de ſe mouvoir pendant qu'on la dégage de la pince qui la tenoit aſſujettie, de peur qu'en retirant cette pince on ne donne à l'aiguille quelque grand mouvement qui puiſſe rompre ou tirailler le cheveu. Tandis que le doigt eſt dans cette poſition, il faut avec la main droite relâcher d'abord la vis *A* qui tient la pince ſerrée, puis la vis *B* qui aſſujetti cette même pince ; & retirer enſuite tout doucement le corps entier de la pince, de manière qu'en tournant ſur la vis *B* comme ſur un axe, elle ſe trouve au bas de l'inſtrument dans la poſition marquée par des points : on l'aſſujettit dans cette poſition en ſerrant la vis *B*, & l'aiguille étant alors parfaitement libre, on peut faire uſage de l'hygromètre.

De même lorſque l'on veut le remettre dans l'étui pour le tranſporter, il faut auſſi le tenir dans la ſituation que repréſente cette figure, abaiſſer l'aiguille avec le doigt juſques à ce qu'elle ſe trouve vis-à-vis du 40 ou 50ᵉ degré, afin que ſi le cheveu venoit à ſe deſſécher dans l'étui, il eût la liberté de ſe contracter. Tandis que le doigt tient ainſi l'aiguille aſſujettie, il faut tourner la pince juſques à ce que les deux becs ſupérieurs arrivent près de l'axe de l'aiguille, comme on les voit dans la figure, & embraſſent ainſi la double poulie autour de laquelle ſe roulent le cheveu & la corde du contre-poids. Il faut avoir attention que, dans le même tems, le contre-poids ſe loge entre les deux becs inférieurs de la pince. On ſerre alors la vis *A*, & enſuite la vis *B* juſqu'à ce que l'on ſente que l'aiguille, le contre-poids & la pince ſont ſolidement fixés.

Celsius, oberhalb des *Tempéré*, nach dem er gesucht hatte. In äußerst gewundenen, seitenlangen Erklärungen der niedrigen Wassertemperaturen in den Seen versucht er, seine Theorie zu retten und schob sie auf die kontinuierliche Eintragung kalten Schmelzwassers durch Flüsse, die in ihrem kurzen Lauf über die Erde nur wenig Wärme aufgenommen haben. Für die höhere Temperatur im Meer machte er die Wärmeproduktion durch »Fermentationen« verantwortlich[130].

Perspektivwechsel mit Schlusswort

Der folgende kurze Rückblick betrachtet die Suchbewegungen zur Rolle der Wärme in geologischen Prozessen um 1800 anhand einiger Beispiele aus der Perspektive ihrer vorläufigen Klärung in der ersten Hälfte des 19. Jahrhunderts, in der die Spuren, die die Geologen der Jahrhundertwende gelegt, und die Anregungen, die sie der nachfolgenden Generation gegeben haben, noch deutlich sichtbar bleiben. Die mühsam erhobenen Messergebnisse machten eine erste wissenschaftliche, in sich geschlossene Beurteilung geologischer Abläufe möglich: Die Erde unterliegt dynamischen Veränderungen, bei denen Wärme und Druck die führende Rolle spielen. Sie gilt jetzt für Vulkane und Gletscher gleichermaßen, sie erklärt die Bildung der Gesteine, die Kristallisation der Minerale, und sie hat mit dem Begriff der Energie Wärme und Arbeit in einem thermodynamischen Prozess zusammengeführt. Die schwer fassbare dunkle Wärme war zu einem unsichtbaren Bestandteil des Lichts geworden.

Die meisten Messungen unter der Erde, die Saussures Auffassung einer nur durch die Sonneneinstrahlung ausgelöster Erdwärme zu bestätigen schienen, hatten einen Haken: Die Untersucher unter der Erde hatten die Lufttemperatur gemessen. 1827 maß der französische Geologe *Louis Cordier* den Anstieg der Temperatur in verschiedenen Bergwerken im Gestein. Er kam auf 1 Grad Fahrenheit pro 25 m und schloss daraus, dass das Erdinnere ab etwa 5 km flüssig wäre und die Erde nur von einer dünnen festen Kruste umgeben sei. Einen starken Einfluss hatten metallführende Gänge auf die unterirdische Temperatur[131]. Ganz so schnell, wie von Cordier angenommen, geht es nicht aufwärts mit den Temperaturen, wenn man in die Tiefe steigt, auch wenn die grundsätzliche Annahme einer Verflüssigung stimmt. In Bohrlöchern rechnet man mit drei Grad Celsius pro einhundert Meter, nach fünf Kilometern wären das um die 150 Grad. Die Erdkruste wird erst an ihrer Unterseite nach 30 bis 60 km über 1000° Celsius heiß.

Ähnliche Ergebnisse wie Cordier hatte zwölf Jahre vor ihm der mit Alexander von Humboldt befreundete *Robert Were Fox* in den Kupferminen von Cornwall gefunden. Je tiefer das Thermometer in ein Bohrloch im Granit versenkt wurde (bis 4 Fuß), desto höher war die Temperatur im Gestein. Und Schiefer wurde bei gleicher Tiefe wärmer als Granit gemessen[132].

Es waren eine Menge Daten über das Verhalten der Wärme zusammengetragen worden, auch von *Joseph Fourier*, als er sie 1822 in einer Reihe von Gleichungen unter den Aspekten Wärme speichern, empfangen, weiterleiten entlang ihrer Oberfläche und leiten im Innern einer Masse, mathematisch zu fassen versuchte. Die Eigenschaften der *boîte chaude,* Saussures Heliometer, dienten ihm dabei als Modell zur Berechnung der Wärmeverteilung in verschiedenen Körpern und regten ihn zu Überlegungen über die Wärmeleitung durch die Atmosphäre und über die Kapazität des Globus zur Aufnahme der Sonnenwärme an. Alle Gleichungen zeigten: Wärme fließt nur in Richtung der geringeren Temperatur, eine Entdeckung, die üblicherweise erst Rudolf Clausius (1822–1888) und seinem zweiten Hauptsatz der Wärmelehre eine Generation später zugeschrieben wird.

Einige Fragen, die er sich im Vorwort stellte, betrafen Widersprüche, die in den bisher erhobenen Daten aufgetreten waren, z.B.: Woher kommt es, dass die Sonnenwärme den gesamten Globus durchdringen muss, man aber schon nach drei Metern keine Variationen der Tag-Nachtschwankungen in der Erde nachweisen kann und die Jahresschwankungen schon bei weit weniger als 60 Metern ein Ende finden? Über der Erdoberfläche dagegen sind noch so kleine Schwankungen messbar. Welche Beziehungen gibt es, die dazu führen, dass die Temperaturen in der Erde konstant bleiben? Und woran erkennt man, dass die innere Wärme der Erde sich nicht völlig zerstreut hat? Wenn viele annehmen, dass die Wärme tief im Inneren der Erde immens sein müsse, woher kommt es dann, dass sie keinen merklichen Einfluss auf das Klima hat? Müsste man nicht für eine Antwort auf diese Fragen den gesamten Raum des Sonnensystems in den Blick nehmen und sich um die konstante Temperatur des gesamten Weltraums kümmern, zu dem das Sonnensystem gehört? Und was geschieht mit der Sonnenwärme in den höheren Schichten der Atmosphäre? Die Gleichungen Fouriers über die Wärmeverteilung in der Atmosphäre lieferten auch erste Hinweise auf die Möglichkeit eines Treibhauseffektes[133].

Joseph Fourier war kurz nach seiner Rückkehr aus Ägypten 1802 gegen seinen Widerstand Präfekt des *Département d'Isère* in Grenoble geworden. Er wollte in Paris bleiben, wurde aber wegen seiner in Ägypten bewiesenen organisatorischen Fähigkeiten zum Bau einer militärstrategisch wichtigen schnellen Straßenverbindung von Grenoble zum bevorzugten Pass der *Grand Tour* nach Italien, dem Mont Cenis, verpflichtet. In der 40 km südlich von Grenoble gelegenen Anthrazitkohlenmine von La Mure maß er sehr genau die Temperatur unter der Erde, um den Wärmetransport in verschiedenen Jahreszeiten zu bestimmen. Alle Besucher des an Rheuma erkrankten Fourier berichteten von einer unerträglichen Wärme in seinen Amtsräumen, in denen er auch im Sommer eingepackt wie im Winter, seiner Arbeit als Präfekt nachging und sich anscheinend aus ureigenem Interesse an seiner Gesundheit neben seinen zahllosen Aufgaben mit einer mathematischen Theorie der Wärmeausbreitung beschäftigte, unter einem Motto, das er aus Platos mathematischen Spekulationen über die Materie im Timaios abgeleitet hatte: *Et ignem regunt numeri* – selbst das Feuer wird von Zahlen regiert. Fourier war in Grenoble als Wissenschaftler isoliert und konnte seine Ergebnisse zur Wärmeleitung in Festkörpern erst 1807 im Pariser *Institut* vortragen[134].

Sir Frederick William Herschel (1738–1822), in Hannover geboren, seit 1757 zusammen mit seiner Schwester Caroline Astronom in England, Entdecker des Planeten Uranus, beobachtete die Sonne mit vorgeschalteten Farbfiltern und vermutete, dass sie unterschiedliche Wärmemenge passieren ließen. Mit einem einfachen, aber genialen Experiment kam er 1800 der von Saussure und Pictet untersuchten »dunklen Wärme« auf die Spur (Abbildung 32, S. 132). Er zerlegte das Sonnenlicht mit einem Prisma in seine Spektralfarben und maß die Temperatur der farbigen Strahlen. Zur Kontrolle platzierte er zwei Thermometer rechts und links außerhalb des Spektrums. Die Temperaturen stiegen von violett nach rot. Am wärmsten wurde das Thermometer, das außerhalb des Spektrums neben dem noch sichtbaren Rot gelegen hatte, das wir heute Infrarot nennen. Die daran anschließenden Experimente erbrachten den Nachweis, dass Wärmestrahlen Licht sind, die man spürt, aber nicht sieht, ihr »dunkler« Teil, der reflektiert wird wie sichtbares Licht[135].

George Poulett Scrope, der in London 1797 geborene Sohn eines reichen Kaufmanns, war schon als Student nach den napoleonischen Kriegen mit seinen Eltern im Winter 1817/1818 in Neapel, kehrte 1819 nach Süditalien zurück, studierte den Vesuv, den Ätna, die Liparischen Inseln, die Ponzainsel, die Vulkane in der Umgebung von Rom und die Hügelkette der Euganeen bei Padua. 1821 war er bei den erloschenen Vulkanen der Auvergne und direkt im Anschluss noch einmal am Vesuv, wo er im Oktober 1822 bei einem Ausbruch die Absprengung des 200 Meter hohen Gipfelkonus erlebte, und kehrte 1823 über die Vulkangebiete der Eifel und des Rheinischen Schiefergebirges nach England zurück (Abbildung 33, S. 133). Ein Ergebnis dieser Reisen war ein Klassiker der Vulkantheorie, *Considerations on vulcanoes*, von 1825[136], ein zweites 1826 eine Monographie über die erloschenen Vulkane Zentralfrankreichs.

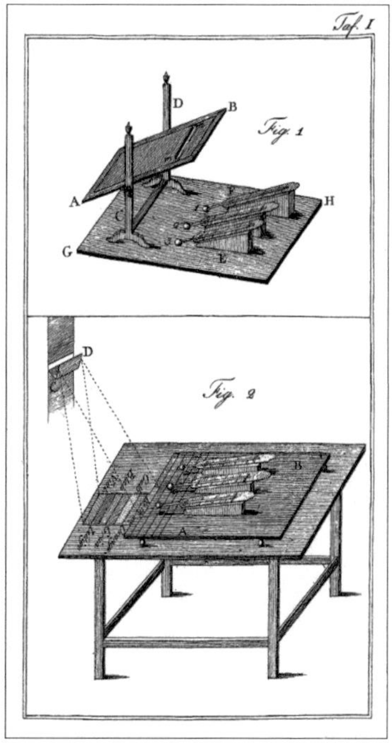

Abbildung 32: Versuchsanordnung William Herschels beim Nachweis der Infrarotstrahlung. Figur 1 ist das Brett, das für den Versuch auf den Tisch in Figur 2 gestellt wird. Auf der Tischplatte sind die Spektralfarben zu sehen, die vom Prisma D im oberen Teil eines geöffneten Fensters ausgehen. An deren Stelle wird die beweglich aufgehängte Pappe mit ihrem schmalem Schlitz so platziert, dass sich immer nur eine der Spektralfarben in der Kugel des Thermometers 1 fokussiert (F). Im Orginal von Herschels Veröffentlichung in den Philosophical Transactions of the Royal Society of London hat dieses Thermometer eine größere Kugel als die im Schatten plazierten und wegen der kleineren Kugeln besonders empfindlichen Thermometer 2 und 3. Alle Kugeln waren mit japanischer Tinte geschwärzt. Beim Versuch blieben die Thermometer 1 und 2 im Schatten, während durch Verstellung der Pappe das Thermometer 1 nacheinander von den verschiedenen Farben des Spektrums getroffen wurde und Herschel nach einigen Minuten der Anpassung die Temperatur notierte. Die größte Temperaturdifferenz trat zwischen blau und rot auf, und wurde zur Überraschung Herschels sogar noch größer, wenn eines der Thermometer neben rot im Schatten lag. Die größte, von Herschel gemessene Differenz zwischen blau und infrarot (Schatten) betrug 7° Fahrenheit, knapp 4° Celsius. Aus: William Herschel, Untersuchung über die Kraft der prismatischen Farben etc. In: *Des Herrn Dr. Herschels Untersuchungen über die Sonnenstrahlen.* Celle 1801. Die Radierungen sind von Johann Heinrich Tischbein d. J. (1742–1808).

Seine Überlegungen zu den Ursachen der Eruptionen als Wechselspiel von Hitze und Druck zeigen, auf welchen fruchtbaren Boden die Theorie Huttons und die Experimente Halls inzwischen gefallen waren. Inspiriert von Spallanzanis Beobachtungen am Stromboli 1788, der Wasserdampf als Ursache für den Auftrieb der Lava und die zahlreichen großen und kleinen Explosionen während eines Ausbruchs vermutet hatte, schildert Poulett Scrope einen Vulkanausbruch wie einen Kochvorgang unter Dampfdruck, der außer Kontrolle gerät, ein Bild, für das Hall einen Dampfkochtopf von Papin gewählt hatte. Der Geologe Karl Alfred von

Abbildung 33: Der Ausbruch des Vesuv im Oktober 1822. Farblithographie aus George Julius Poulett Scrope, *Über Vulkane. Der Charakter ihrer Phänomene, ihre Rolle in dem Bau und der Zusammensetzung der Erdoberfläche und ihre Beziehung zu den Kräften des Inneren*. 2. Auflage Berlin 1872.

Zittel fasst die Schilderung des Vulkanausbruch bei Poulett Scrope in seiner Geschichte der Geologie so zusammen:

»Die in der Lava befindlichen Wasserdämpfe sind die treibende und hebende Kraft der Vulkane; sie entweichen während der Eruption als mächtige Dampfwolken und verursachen dadurch die Verfestigung der ausgeflossenen Lava. Nimmt man in einem von Wasser durchtränkten, unter Druck befindlichen und über den Kochpunkt erhitzten Gestein bei gleichem Druck eine Temperaturerhöhung oder bei gleicher Temperatur ein Nachlassen des Druckes an, so muß in beiden Fällen Dampfentwicklung stattfinden und zugleich Wärme latent werden. Durch diesen unter Druck befindlichen Dampf werden die krystallinischen Bestandteile des Lavagesteins getrennt, die Lava schwillt an und geräth in flüssigen Zustand; von der Schwere der Bestandtheile und der Feinheit des Korns hängt die Beweglichkeit der ganzen Masse ab«[137].

Dass die Wärme latent wird, bedeutet nur, dass Wasserdampf mehr Energie enthält als das Wasser, aus dem er hervorgegangen ist. Sie wird bei der Kondensation des Dampfes zu Wasser wieder abgegeben. In diesem Fall trennt der energiereiche Dampf die kristallinen Bestandteile des Lavagesteins und macht es flüssig. Zittel hat elegant die verschraubten Erklärungsversuche mit Hilfe des Wärmestoffs durch Poulett Scrope umschifft oder die zweite Ausgabe von 1862 zur Grundlage genommen, um dem Kern seiner Aussage gerecht zu werden. Wer verstehen will, warum sich die meisten Geologen wie zum Beispiel Spallanzani nicht auf den Wärmestoff festlegen und mit ihm argumentieren wollten, der lese seine Erklärung zur flüssigen Lava auf Seite 22.

Dort wird die Wärme in der Lava als ein selbständig agierender Stoff behandelt. Poulett Scrope macht aus der »elastischen Flüssigkeit« Wärme eine Art superflüssige Flüssigkeit, in der sich die festen Bestandteile der Lava bewegen wie Ton im Wasser. Die Flüssigkeit der Lava ist nach seinem Verständnis auf keinen Fall ein Beweis für eine Schmelze, sondern eher der Hinweis auf eine Suspension von Kristallen in welcher Flüssigkeit auch immer, sei sie luftartig oder flüssig. Lavoisier hatte in den *Traité élémentaire de Chimie* im Kapitel über die Kristallisation der Salze ähnlich argumentiert: Die Lösung von Salz in Wasser geschieht immer in einer gemischten Aktion, der des Wassers und der des Wärmestoffs, etwa so: Der Wärmestoff treibt die Wasserteilchen auseinander, damit das gelöste Salz Platz zwischen den Wasserteilchen findet. Diese doppelte Aktion hat Poulett Scrope auf die Flüssigkeit der Lava übertragen, wobei nicht die Lava selbst flüssig geworden ist, sondern ihre kristallinen Bestandteile im Fluidum Wärmestoff oder im Fluidum Luft schwimmen ähnlich wie bei einer Suspension fester Teilchen in Wasser.

Die Lava besteht zu rund 70 % aus Silikaten und ähnelt in ihrem Verhalten bei der Verflüssigung und Erstarren der industriellen Glasschmelze, was Hall bei seinen Schmelzversuchen mit Basalt und Lava beobachten konnte. Ihre Silikate sind je nach Salz-, Eisen- und Aluminiumgehalt mehr oder weniger viskös. Besonders zähflüssige Lava schafft es oft nicht bis zur Oberfläche und bleibt im Schlot stecken. Andere Laven, die flüssig wie Wasser sein können, fließen über den Schlotrand oder werden aus Gesteinsrissen im Berg herausgedrückt. Abhängig von Druck und Temperatur werden Gase und Wasserdampf beim Aufstieg in den Schloten frei, die Lava köchelt oder explodiert, wie das Spallanzani für den Stromboli beschrieben hat, oder wirft Gesteinsbrocken, Lavafetzen wie Bomben und zu Bimstein aufgeschäumte blasenartige Gläser aus. Die Viskosität der Lava bestimmt die Form des Lavastroms und die Geschwindigkeit der Kristallisation beim Erkalten. Ergebnis sind verschieden geformte Basalte mit einzelnen Mineraleinsprengseln. Hall hat diese Mineralbildung in seinen Versuchen beobachten können.

Poulett Scrope muss Halls Ergebnisse völlig missverstanden und aus ihnen den Schluss gezogen haben, dass es sich bei der Lava nicht um eine Silikatschmelze handelt, die beim Erkalten auskristallisiert, sondern um Lavakristalle in einem flüssigen Wärmestoff, die nach Verlust des Wärmestoffs beim Erkalten einfach wieder zusammenfinden, so als habe Hitze und Druck ihnen nichts weiter anhaben können als eine vorübergehende Trennung.

Seine freihändige Interpretation der Wirkung des Wärmestoffs in vulkanischen Aktivitäten fehlt in der stark überarbeiteten zweiten Auflage von 1862, aber er hatte den Wärmestoff verinnerlicht und argumentierte immer noch mit ihm, wenn auch diffus und wie seine Geologenkollegen eher als synonym für Wärme. Der Wärmestoff war um die Mitte des 19. Jahrhunderts Vergangenheit und durch die Konzepte der Wärmestrahlung, des mechanischen Wärmeäquivalents von Mayer, Joule und Helmholtz und der Thermodynamik von Clausius ersetzt worden: Wärme ist nur eine Form von Energie, die ineinander umgewandelt werden kann. Träger der Energie sind Teilchen in Bewegung, beim Vulkanausbruch also alle Bestandteile der Lava, die sie bei ihrem Aufstieg aufgenommen hat, Wasserdampf eingeschlossen[138].

Dass das Eigengewicht des Gletschers für ein plastisches Verhalten der Eismassen sorgt, wird erst *James David Forbes* (1809–1868) vorschlagen und durch genaue Beobachtungen untermauern : »Die Bewegung der Gletscher gleicht jener einer zähen Flüssigkeit«[139]. Forbes war als Nachfolger des Chemikers John Leslie Professor für Naturphilosophie an der Universität von Edinburgh geworden und hatte sich im Vorfeld seiner Gletscherexkursionen durch eine Serie von Veröffentlichungen über die Natur der Wärme einen Namen gemacht. Er wird nach der Publikation seiner Gletschertheorie in der Umgebung von Edinburgh Temperaturmessungen im Erdreich und Untersuchungen über die Wärmeleitfähigkeit von Gesteinen machen (Abbildung 34, S 136).

Abbildung 34: Das Eismeer im Tal von Chamonix 1842, wie es Forbes auf seiner Reise in die Savoyer Alpen in dieser riesigen Ausdehnung gesehen haben muss. Aus dem Gletschermund entspringt der Arveyron, der nach 4,5 km in die Arve mündet. Aus: *Lablum. Giornale letterario di belle arti.* 9. Jahrgang, 29. October 1842, S. 280.

Forbes Idee der Plastizität war nicht ganz neu. Er selbst nannte den Domherr von Annecy, Louis Rendu, der kurz vor ihm von einem Teig gesprochen hatte, aber in Vermutungen stecken geblieben war:

»Es gibt zahllose Fakten, die einem nahelegen könnten, dass die Substanz der Gletscher eine Art Dehnbarkeit besitzt, die es ihr erlaubt, sich an dem Ort, den sie einnimmt, zu modellieren, zu verkleinern, aufzuquellen, sich zurückzuziehen und auszudehnen«[140]. Und trotzdem hätte man den Eindruck einer Starrheit, wenn man mit dem Hammer darauf schlage. Der Schlag mit dem Hammer oder das Muli Saussures, dessen Hufe die Gletscheroberfläche kratzen, wie wenn sie über festes Gestein trampeln, hat lange verhindert, ein plastisches Verhalten von Gletschereis in Betracht zu ziehen.

Forbes greift zur Analogie mit einem Fluss und sieht nur graduelle Unterschiede zwischen der Zähigkeit des Wassers und der eines Gletschers. Auch bei ihm ist, wie beim Wasser, die Geschwindigkeit in der Mitte des Stroms größer als an seinen Rändern und am Boden, wo die

Reibung wirksam wird. Deshalb werden sich die obersten 30 Meter eines 200 Meter tiefen Gletschers schneller bewegen. Er machte sogar Modelle mit dem Relief eines Gletschertals und goss eine Mischung aus Mörtel und Leim hinein, um die entstandenen Strukturen in der teigigen Mischung mit denen in Gletschern zu vergleichen. Beim Rhonegletscher hatte er schon 1841 vermutet, dass er sich wie ein ausgegossener Kübel von Mörtel ausbreitet und sich ähnlich zäh wie ein Lavastrom verhält[141].

Dass Eis unter Druck eine zähe Flüssigkeit wie Honig werden kann, haben die Gebrüder James und William Thomson, der spätere Lord Kelvin, um die Mitte des Jahrhunderts in Experimenten nachgewiesen[142]. Diese Experimente in einem zylindrischen Gefäß erklärte der Physiker Hermann von Helmholtz 1865 leicht verständlich in zwei Vorlesungen in Frankfurt und Heidelberg:

»Wenn nun unter Einwirkung des Druckes ein Gemisch von Wasser und Eis kälter wird, als es vorher war, ohne dass ihm dabei Wärme entzogen wird, so kann das nur geschehen, indem freie Wärme latent wird, das heißt, indem etwas Eis in dem Gemische schmilzt und zu Wasser wird. Darin liegt auch der Grund, dass mechanischer Druck auf den Gefrierpunkt einwirken kann« [143].

Die Bewegungsenergie des Drucks ist in die Wärmeenergie eines niedrigen Gefrierpunktes umgewandelt worden. Man kann auch sagen, dass Eis unter Druck schon bei Temperaturen unter dem Gefrierpunkt zu schmelzen anfängt, weil seine Wassermoleküle enger aneinandergerückt sind. Beim Gefrieren rücken sie voneinander ab, denn das Eisvolumen ist größer als das Wasservolumen, aus dem es entstanden ist.

Beim Gletscher liegen andere Verhältnisse vor als beim Versuch mit dem Eis-Wassergemisch in einem festen Behälter. Dort kann das unter Druck entstandene Schmelzwasser in die Spalten des Gletschers entweichen. Es wird also nur das Eis gepresst und nicht das Wasser. Das gepresste Eis wird durch die Gefrierpunkterniedrigung kälter als das umgebende Wasser. Dessen Gefrierpunkt bleibt gleich. Das Eis im Gletscher ist somit kälter als 0° C und berührt Wasser mit 0° C. Es entsteht ein Gleichgewicht zwischen schmelzen und gefrieren: das Schmelzwasser gefriert bei Kontakt mit dem kälteren Eis, das unter dem fortbestehenden Druck der Eismassen des Gletschers bei Temperaturen unter 0° C weiter schmilzt.

Tyndall konnte einen fertigen glasklaren Eisblock wie Wachs in jede gewünschte Form pressen, ohne dass er seine Klarheit verlor, ein Beweis, dass das Eis durch das Pressen nicht zu Pulver zermalmt oder in Stücke gerissen worden war. Helmholtz erhöhte den Druck so weit, dass der immer flacher werdende Eiszylinder an den Rändern einriss und ein Bild wie das von Gletscherspalten lieferte. Ähnliche Risse entstanden, wenn er den Eiszylinder durch eine enge Öffnung trieb. Mit der Lupe betrachtet zeigten sich feine weiße Linien als erste Anzeichen größerer Spalten.

Gefriert das Wasser in den Gletscherspalten, besteht das Eis »aus einer Menge kleiner stecknadelkopf- bis erbsgroßer Eiskörner, die mit ihren Vorsprüngen und Zacken eng ineinander geschoben sind, und stellenweise auch wohl noch verwachsen sind, während sich die engen Spalten zwischen ihnen mit Wasser gefüllt haben«. Die körnige Struktur ist Kennzeichen des experimentell gepressten und des Gletschereises, während das Eis auf einem ruhigen Gewässer regelmäßig und kristallin ist. Helmholtz findet eine Analogie zu Kalkspath und Marmor, die beide aus Kalziumkarbonat bestehen. Der Kalkspath hat Sprünge, in die man mit einer Messerklinge eindringen kann, der Marmor ist unregelmäßig aus Körnern verbacken.

Womit sich der Kreis zu Sir James Hall schließt, der seine Druck- und Temperaturversuche mit Kalziumkarbonat unternommen und nach dem Erkalten von geschmolzener Lava einzelne Kalkspathkristalle gefunden hat. Lässt man Revue passieren, wie sich das Verständnis geologischer Prozesse eine gute Generation nach James Huttons dynamischer Theorie eines Zusammenspiels von Hitze und Druck entwickelt hat, verstehen die Geologen jetzt fließende Gletscher, kochende Steine, Quarzadern im Granit und Lavaschmelzen als Wirkung dieser Kombination zweier Energieformen. Auch wenn die Ursachen für die beobachteten Phänomene nicht immer geklärt werden konnten, war nun der Weg frei für Experimente unter kontrollierten Bedingungen, in denen das Verhalten von Mineralien und Gesteinen unter Hitze und Druck zunächst tabellarisch und später in Zustands- und Phasendiagrammen sichtbar gemacht wurde. Geologen mit Phantasie im Gelände sahen es fließen und hörten es krachen, wenn sich Gesteinsschichten schräg aufgetürmt, überfaltet oder übereinander geschoben hatten. Wie im Zeitraffer war es möglich geworden, die Erdgeschichte in einem dramatischen Film ablaufen zu lassen, mit den Felsbrocken der Moränen halbe Kontinente von Gletschern bedeckt für möglich zu halten oder sich die Entstehung der Alpen als eine Hebung durch gigantische Kräfte vorzustellen. Im Freiluftlabor Daten messen und die Dynamik der Erdgeschichte in Experimenten simulieren machten die Geologie zu einer Wissenschaft der Imagination ungeahnter Tiefenzeiten.

Anhang

Erwähnte Wissenschaftler am Vesuv und am Eismeer von Chamonix

Blagden, Charles Brian (1748–1820)
Chamonix: August 1788, 1792 mit Horace-Bénédict de Saussure
Vesuv: Dezember 1792 bis Februar 1793 mit William Hamilton und Lord Palmerston
(G. R. de Beer, Some letters of Sir Charles Blagden 1951 / Notes and Records of the Royal Society of London 8, S. 253–260 / Rev. William Otter, The Life and Remains of Edward Daniel Clarke, Professor of Mineralogie in the University of Cambridge. London 1825, Vol II, S. 413 f.)

Buch, Leopold von (1754–1853)
Chamonix: Sept. 1800
Vesuv: Februar bis April 1799, 1805 mit Alexander von Humboldt und Joseph Louis Gay Lussac
(Leopold von Buchs gesammelte Schriften herausgegeben von J. Ewald, J. Roth und H. Eck. Berlin 1867. Band 1. Der genaue Ablauf seiner Reisen im Vorwort / Leopold von Buch, Geognostische Beobachtungen auf Reisen durch Deutschland und Italien, Bd. 2. Berlin 1809)

Davy, Sir Humphry (1778–1829)
Chamonix: 1814 mit seiner Frau und seinem Sekretär Michael Faraday
Vesuv: 1814, 1815 mit Frau und Faraday
(Thomas Raffles, Letters during a Tour through some parts of France, Savoy, Switzerland, Germany, and the Netherlands in 1817. Liverpool 1818, S. 217 / Davy, On the Phaenomena of Volcanoes. Philosophical Transactions of the Royal Society of London 1828. Vol 118, S. 241 / Williams, L. Pearce (1965). Michael Faraday: A Biography. New York: Basic Books. p. 36)

Deluc, Jean-André (1727–1817)
Chamonix: 1765, 1770 mit seinem Bruder. Besteigung des Mont Buet
Vesuv: es war sein Bruder Guillaume-Antoine (1729–1812), der 1756 bis 1757 vulkanisches Gestein auch vom Vesuv sammelte. Jean-André hat seine Berichte und Sammlung vulkanischer Produkte in seinen Veröffentlichungen ausführlich besprochen
Historisches Lexikon der Schweiz. Elektronische Ausgabe Bern 1998–2017 / Douglas William Freshfield, Horace-Bénédict de Saussure. Edition Slatkine Genève 1989, S. 120

Dolomieu, Déodat Gratet de (1750–1801)
Chamonix: 3x Juli, August, September 1795 mit seinem Schwager Marquis de Drée
Juli 1797 mit Pierre Louis Cordier
Vesuv: 1776, 1785 mit Sir James Hall
(Voyages aux Alpes Savoyardes. Fonds Dolomieu, Manuscript. Correspondance I, S. 3, 685 Anmerkung / Oevres de Comte de Lacépède 1802, T. I, S. 515)

Hall, Sir James (1761–1832)
Chamonix: 1780 mit Reverend Thomas Brand, seinem Tutor
Vesuv: 1785 mit dem Arzt James Home (1760–1844) aus Edinburgh und Dolomieu
(Letters of the Rev. Thomas Brand 1779–1795. Tour with Sir James Hall of Dunglass. Add.MS8670/10. Cambridge University Library: Departement of Manuscripts and University Archives / Hall, Experiments on Whinstone and Lava. Transactions of the Royal Society of Edinburgh 1805, vol. 5, part I, S. 71)

Hamilton, Sir William (1730–1803)
Chamonix: 1776 mit Saussure
Vesuv: Heimspiel. 1774 mit Saussure
Douglas William Freshfield, Horace-Bénédict de Saussure, Edition Slatkine Genève 1989, S. 288

Humboldt, Alexander von (1769–1859)
Chamonix: 1795
Vesuv: 1805 zusammen mit Joseph Louis Gay-Lussac und Leopold von Buch. Oktober 1822
(Lettres de Humboldt à Pictet, Hg. A. Rilliet. Genève 1869, darin Brief an Pictet aus Bern 19. Oktober 1795, S. 131 / Annalen der Physik, Halle 1808, Band 28, St. 3, S. 272 / Briefe Alexander's von Humboldt an seinen Bruder Wilhelm, herausgegeben von der Familie von Humboldt in Ottmachau. Stuttgart 1880: Brief aus Neapel 29. November 1822, S. 105 / Gay-Lussac, Réflexions sur les volcans. Annales de Chimie et de Physique Avril 1823, S. 415)

Pictet, Marc-Auguste (1752–1825)
Chamonix: seit 1773 mindestens 17 mal
(Jean Cassaigneau, Jean Rillet. Marc-Auguste Pictet ou le rendevous de l'Europe universelle. Genève 1995)

Prévost, Pierre (1751–1839)
Chamonix: 1784 oder 1786 zusammen mit Jean-Pierre-Louis de Fontanes (Dichter)
(Antoine Cherbuliez, Discours sur la vie et les travaux de feu Pierre Prévost. Genève 1839, S. 36)

Rumford, Graf von, Benjamin Thompson (1753–1814)
Chamonix: 1803
Vesuv: 1794 (hat ihn wahrscheinlich wegen Krankheit nicht bestiegen)
(An Account of a curious Phenomenon observed on the Glaciers of Chamouny; together with some occasional Observations concerning the Propagation of Heat in Fluids. Read December 15, 1803. Philosophical Transactions of the Royal Society of London. Vol. 94, 1804. S. 23–29 / Rumford, On the propagation of heat in fluids. London 1794)

Saussure, Horace-Bénédict (1740–1799)
Chamonix: 1760, 1761, 1764, 1767, 1770, 1776 (zwei mal), 1778
Vesuv: 1774 mit William Hamilton
(Voyages dans les Alpes (éd. 1779, 1786, 1796) / M. de Lalande, Voyage en Italie. Genève 1786. Seconde Edition Tome 1, Préface p. LXXXVII / Douglas William Freshfield, Horace-Bénédict de Saussure. Edition Slatkine Genève 1989, S. 124 / Lettre à Son Excellence le Chevalier Hamilton par H. B. de Saussure à Naples 17. Décembre 1774. Observations sur la Physique. Paris 1776. T. VII, S. 19)

Spallanzani, Lazzaro (1729–1799)
Chamonix: 1779 (?)
Vesuv: 4. November 1788
(Viaggi alle due Sicile e in alcuna parti dell' Apennino. Vol. 1. Milano 1825–1826)

Wedgwood, Thomas (1771–1805)
Chamonix: 1796 (?) mit John Leslie
Vesuv: April 1788 mit Bruder John und William Hamilton
(Samuel Smiles, Josiah Wedgwood, F. R. S., his personal history. New York 1895, S. 302)

Gletschereis und Lava: Chronologie der benutzten Literatur zur Wärme in der Geologie

Joseph Black, Vorlesungen über die Grundlehren der Chemie aus seiner Handschrift herausgegeben von D. Johann Robison, Professor der Naturkunde in Edinburg (sic): in vier Bänden, Band 1. Hamburg 1804 (engl. Version 1766)

Jean-André Deluc, Recherches sur les modifications de l'Atmosphère. Genève 1772. 2 Bände

William Hamilton, Observations on Mount Vesuvius, Mount Etna, and other Volcanos. London 1772. Dt. 1773

Johann Jacob Ferber, Briefe aus Wälschland über natürliche Merkwürdigkeiten. Prag 1773

Alberto Fortis, Viaggio in Dalmazia. Venezia 1774

James Keir, On the Cristallizations Observed on Glass, Philosophical Transactions LXVI, 1776
Horace-Bénedict de Saussure, Voyages dans les Alpes., Genf 1779-96 (4 Bände). Die zweite Auflage Neuchatel 1796–1803 besteht aus 8 Bänden.

Lavoisier et de la Place, Mémoire sur la chaleur. Histoire de l'Académie des Sciences 1780

Josiah Wedgwood and Joseph Banks, An Attempt to make a Thermometer for measuring the higher Degrees of Heat, from a red Heat up to the strongest that Vessels made by Clay can support. Read May 9, 1782. Philosophical Transactions of the Royal Society of London 1782, 72, 305–326.

Josiah Wegdwood, An Attempt to Compare and Connect the Thermometer for Strong Fire, Described in Vol. LXXII. of the Philosophical Transactions, with the Common Mercurial Ones. Philosophical Transactions 1784, 74, p. 358–384

Josiah Wedgwood, Additional Observations on Making a Thermometer for Measuring the Higher Degrees of Heat Philosophical Transactions 1786, 76, p. 390–408

Horace-Bénédict de Saussure, Essais de l'Hygrométrie. Neuchâtel 1783

Jean André Deluc, Idées sur la Météorologie, Bd. 1. London 1786

Jean André et Guillaume-Antoine Deluc, Relation de différents voyages dans les Alpes du Faucigny. Maestricht 1786

Friedrich Ludwig Ehrmann, Essai d'un Art de Fusion à l'aide de l'air du feu ou air vital. Suivi des mémoires de Mr. Lavoisier sur le même Sujet. Strasbourg 1787

Bernhard Friedrich Kuhn, Versuch über den Mechnismus der Gletscher. Magazin für die Naturkunde Helvetiens, hg. Joh. Georg Albrecht Höpfner. Zürich 1787. 1. Band S. 119–136. Nachtrag im 3. Band 1788, S. 427–436

Déodat de Dolomieu, Mémoire sur les îles Ponces, et catalogue raisonné des produits de l'Etna : pour servir à l'histoire des volcans, suivis de la description de l'éruption de l'Etna, du mois de Juillet 1787. Paris 1788

Charles Blagden, Experiments on the Cooling of Water below its Freezing Point. Philosophical Transactions 78, p. 125–146. London 1788

Antoine Laurent de Lavoisier, Traité élémentaire de Chimie présenté dans un ordre nouveau et d'après les découvertes modernes. 2 Bände. Paris 1789. Zweite Auflage 1793

Marc-Auguste Pictet, Essais de physique Bd. 1. Genève 1790. Enthält ausschließlich den Essai sur le feu. Weitere Bände nicht erschienen. Dt.: Markus Augustus Picktet's, Professors der Philosophie in Genf, Versuch über das Feuer. Tübingen 1790

Pierre Prévost, Mémoire sur l'équilibre du feu. In: Observations sur la physique, sur l'histoire naturelle et sur les arts. Paris 1791, T. 38, S. 314

Déodat de Dolomieu, Alberto Fortis, Briefe zweyer ausländischen (sic) Mineralogen über den Basalt. Zürich und Leipzig 1792

Lazarro Spallanzani, Diversi prodotti sottososti al fornace. In: Lettere di vari llustri italiani del secolo 18. e 19. a'loro amici e dee' massimi scientati e litterati nationali e stranieri al celebre abate Lazzaro Spallanzani e molte sue riposte al medisimi ora per la prima volta publicata. Reggio 1843. Band 10

Thomas Wegdwood, Experiments and Observations on the production of Light from different bodies by heat and attritionspi (Reibung). Philosophical Transactions of the Royal Society of London 1792, pp. 28-47

Pierre Prévost, Recherches physico-mécanique sur la chaleur. Genève et Paris 1792

James Hutton, A Dissertation upon the Philosophy of Light, Heat and Fire. Edinburgh 1794

Scipione Breislack, Antonio Winspeare, Fortgesetzte Berichte vom Ausbruche des Vesuvs am 15. Junius 1794

Horace-Bénédict de Saussure, Nouvelles recherches sur l'usage du chalumeau dans la minéralogie. Journal de physique, de chimie, d'histoire naturelle et des arts. Paris 1794. T. 2, S. 11

James Hutton, Theory of the earth. With proofs and illustrations. Edinburgh 1795. 3 Bände

Déodat de Dolomieu, Lettre à M. Pictet, Professeur de Physique à Genève, et membre de la Société royal à Londres, sur la chaleur des Laves, et sur des concrétions quartzeuses. Journal des Mines an IV, quatrième trimestre No. XXII (1796), pp. 53–64

Lazarro Spallanzani, Viaggi alle Due Sicilie e in alcune parti dell'Appennino. Pavia, Baldassare Comino, erschien in sechs Bänden 1792-97. Zwei französische Versionen: Voyages dans les deux Sicilies (übersetzt von Spallanzanis Freund, dem Bibliothekar Jean Senebier in Genf). 5 Bände Berne 1795-99. Und eine von Faujas nach dem Tod Spallanzanis besorgte und mit seinen Anmerkungen versehene Pariser Ausgabe von 1799/1800 in 6 Bänden (übersetzt Band 1 Amaury Duval, Band 2-6 G.Toscan). Dt. Reisen in beyde Sizilien und einige Gegenden der Appenninen. Leipzig 1795–1798. Engl. »Travels in the two Sicilies«. London 1798. 4 Bände

John Playfair, Biographical Account of James Hutton, M.D.F.R.S.Ed. Edinburgh 1797

William (Guglielmo) Thomson. Adressat eines Briefes von A.M.S (Andrea Maria Savaresi): Lettere su i volcani. Giornale letterario di Napoli per servire di continuazione all'Analisi Ragionata de'Libri Novi. Napoli 1798, S. 3

Rumford, Benjamin Thompson, Untersuchung über den Ursprung der durch Friction bewirkten Wärme. Allgemeines Journal der Chemie 1, 1798, S. 9–31

Benjamin Count of Rumford, Inquiry concerning the Source of the Heat Which is Excited by Friction«. Philosophical Transactions Royal Society of London January 1, 1798 vol. 88, pp. 80–102.

Rumford, Benjamin Thompson, Essays, Political, Economical, and Philosophical Bd. 2. London 1798

Déodat de Dolomieu, Rapport fait à l'Institut nationale, par le C.en Dolomieu, Ingénieur des mines, sur ses voyages de l'an V et de l'an VI. Journal des Mines, An 6 (1798), Tome 3, No. 41, pp. 385–402 + pp. 405–432

Luigi Valentino Brugnatelli, Elementi di chimica appoggiati alle più recenti scoperte chimiche e farmaceutiche (3 vol.), Pavia 1795-1798

Scipione Breislack, Topografia fisica della Campania. Firenze 1798
Frz.: Voyages physiques et lythologiques dans la Campanie: suivis d'un mémoire sur la constitution physique de Rome: avec la carte générale de la Campanie, d'apres Zannoni: celle des cratères éteints entre Naples et Cumes: celle du Vésuve, du plan physique de Rome. Paris 1801

Jean-André Deluc, Sur l'histoire physique de la terre adressées à M. le professeur Blumenbach. Paris 1798

Horace-Bénédict de Saussure, Mémoire sur les variations de hauteur et de température de l'Arve Journal de physique, 4 (1798), S. 50–55

Richard Kirwan, Geological Essays. London 1799

Alexander von Humboldt, Die Entbindung des Wärmestoffs als geognostisches Phänomen betrachtet. In: Versuche über die chemische Zerlegung des Luftkreises und über einige andere Gegenstände der Naturlehre. Braunschweig 1799, S. 177

William Herschel, Investigation of the Powers of the Prismatic Coulors to Heat and Illuminate Objects. Philosophical Transactions of the Royal Society of London 90, 1800, S. 255–283
Experiments on the refrangibility of the invisible rays of the Sun. S. 284–292
Experiments on the solar, and on the terrestical Rays that occasion Heat; with a comparative View of the Laws to which Light and Heat, or rather the Rays which occasion them, are subject, in order to determine whether they are the same, or different. S. 293–326

Sir James Hall, Experiments on whinstone and lava. Bibliothèque britannique, Sciences et Arts 1800, Band 14, S. 146

Déodat de Dolomieu, Sur la Philosophie minéralogique et sur l'Espèce minéralogique. Paris 1801

John Playfair, Illustrations of the Huttonian Theory of the Earth. Edinburgh 1802

Claude-Louis Berthollet, Essai de Statique Chimique. Paris 1803

René-Just Haüy, Traité élémentaire de physique. Paris 1803

Jean-Baptiste Biot, Mémoire sur la propagation de la Chaleur, et sur un moyen simple et exacte de mesurer les hautes températures. Journal des Mines 17, 1804, S. 203–224
Mémoire sur la Propagation de la Chaleur. Bibliothèque britannique 1804, Tome 27 S. 310

Rumford, Benjamin Thompson, Mémoire sur la Chaleur. Paris 1804

Rumford, Benjamin Thompson, An Account of a Curious Phenomenon Observed on the Glaciers of Chamouny: Together with Some Occasional Observations concerning the Propagation of Heat in Fluids. Philosophical Transactions of the Royal Society of London, Vol. 94 (1804), pp. 23–29

Guillaume Antoine Deluc, Nouvelles observation sur les volcans et sur leurs laves. Bibliothèque britannique, Tome 26, 1804, S.336

John Leslie, An experimental inquiry into the nature, and propagation, of heat. London 1804

Antoine Laurent de Lavoisier, Mémoires de Chimie. Paris 1805. Besteht auch aus Auszügen der Mémoires de l'Académie des Sciences 1777 und aus den Élémens (sic) de Chimie 1789

James Hall, Experiments on Whinstone and Lava. Transactions of the Royal Society of Edinburgh Vol. V, 1805, S. 43

James Hall. Effects of Compression in modifying the Action of Heat. The Philosophical Magazine Vol. XXIV 1806, S. 140

Alexandre Brogniart, Traité élémentaire de minéralogie. Paris 1807, tome 1

Joseph Fourier, Mémoire sur la propagation de la chaleur dans les corps solides p. 215-221 Présenté le 21 décembre 1807 à l'Institut national – Nouveau Bulletin des sciences par la Société philomathique de Paris, t. I, p. 112–116, n°6; mars 1808.

Leopold von Buch, Geognostische Beobachtungen auf Reisen durch Deutschland und Italien, Bd. 2. Berlin 1809

Pierre Prévost, Du calorique rayonnant. Paris, Genève 1809. Es handelt sich auch um die Übersetzung von Leslie 1804

Leopold von Buch, Geognostische Beobachtungen auf Reisen durch Deutschland und Italien, Bd. 2. Berlin 1809

Guyton de Morveau, Extrait des Mémoires lus à la Classe des sciences physiques et mathématique de l'Institut Sur la Pyrométrie, Annales de Chimie 1810, Band 73 (31. Januar), S. 254
Suite de l'Extrait de l'essai de Pyrométrie, Band 74 (30. April), S. 18
Examen des faits sur lesquelles sond fondées les objections contre la régularité de la marche du pyromètre de Wedgwood 1811, Band 78 (30. April), S. 129
De l'effet d' une chaleur égale, longtems continuiée sur les pièces pyrométriques d' argile, 1811, Band 78 (30. April), S. 73.

Pierre Prévost, Mémoire sur la transmission du calorique à travers l'eau et d'autres substances. Journal de physique, de chimie, d'histoire naturelle et des arts 1811, S. 168

Scipione Breislack, Introduzione alla geologia. 2 Bde. Milano 1811

Dr. Johann Friedrich Benzenberg, Ueber das Höhenmessen mit dem Barometer und über die beste Einrichtung der Reise-Barometer und über die Tafeln zur Berechnung der Berg-Höhen. Allgemeine Geographische Ephemeriden. Weimar 1811, Band 34, S. 342

Humphry Davy, Elements of Chemical Philosophy, Bd. 1. Philadelphia 1812

Joseph Fourier. Théorie de la chaleur. Annales de Chimie et de Physique Tome 3, Paris 1816, S. 350

Alexander von Humboldt, Voyage aux régions équinoxiales du Nouveau Continent Bd. 1, Paris 1816

John Leslie, On Heat and Climat. Annals of Philosophy; or Magazine of Chemistry, Mineralogy, Mechanics, Natural History, Agriculture, and the Arts. London 1819, vol. XIV, p. 5–27, die Bemerkungen des Herausgebers dazu 1820, vol. XVI, p. 7

M. l'Abbé Haüy, Traité de Cristallographie suivi d'une application des principes de cette science à la détermination des espèces minérales et d'une nouvelle méthode pour mettre les formes cristallines en projection. Paris 1822. T. 2

Joseph Fourier, Théorie analytique de la chaleur. Paris 1822

Jacob Berzelius, Jahresbericht über die Fortschritte der Chemie und Mineralogie, Bände 1-2. Tübingen 1822

George Poullet Scrope, Considerations on Volcanos, The Probable Causes of their Phenomena, The Laws which Determin their March, The Disposition of their Products, and their Connection with the Present State and Past History of the Globe, Leading to the Establishment of an New Theory of the Earth. London 1825

Gustav Bischof, Die Wärmelehre des Innern des Erdkörpers, ein Inbegriff aller mit der Wärme in Beziehung stehender Erscheinungen in und auf der Erde. Leipzig 1837

Henry Thomas de la Beche, Report on the Geology of Cornwall, Devon, and West Somerset. London 1839

Louis Rendu, Théorie des Glaciers de la Savoie. Chambéry 1840

James D. Forbes, Reisen in die Savoyer Alpen und in anderen Theilen der Penninen-Kette nebst Beobachtungen über die Gletscher. Stuttgart 1845, S. 369. Englisch 1843

James Thomson, Theoretical considerations on the Effect of Pressure in Lowering the Freezing Point of Water,« Transactions of the Royal Society of Edinburgh, vol. xiv. part 5, 1849

William Thomson, The Effect of Pressure in lowering the Freezing Point of Water experimentally demonstrated. Proceedings of the Royal Society of Edinburgh, Feb. 1850

John Tyndall, Thomas H. Huxley, On the structure and motion of glaciers. Philosophical Transactions of the Royal Society of London 1857, S. 327

Hermann von Helmholtz, Über Eis und Gletscher. In: Populäre wissenschaftliche Vorträge. Braunschweig 1865, S. 95

Beiträge zu Wärme und Geologie in der Bibliothèque britannique 1796–1815

Die *Bibliothèque britannique Sciences et arts* war besonders in den Kriegsjahren seit 1798 eines der wichtigsten international verbreiteten Diskussionsforen über die Natur der Wärme, in der auch Artikel in französischer Übersetzung erscheinen konnten, noch bevor sie im englischen Orginal zur Verfügung standen. Die Beiträge zeigen, wie dicht und zeitnah die Auseinandersetzungen trotz aller Behinderungen geführt werden konnten. Ab 1816 wurde sie als *Bibliothèque universelle des sciences, belles lettres, et arts* weitergeführt und die Beschränkung auf englische Beiträge aufgehoben.

1, 1796
- Benjamin Thompson, Experiments upon Heat, &c. Expériences sur la chaleur. S. 11
- William (Guglielmo) Thomson, Notice d'un Voyageur Anglais sur les incrustations silicieuses des sources Thermals d'Ialie, & sur quelques produits remarquables trouvés sous la Lave qui a enselevi une partie de la ville de Torre Del Greco dans l'éruption de Vésuve qui a eu lieu aux mois de Juin & de Juillet 1794, publièes à Naples au mois d'Octobre 1795, S. 65
- Benjamin Thomspon, An Account of a method etc. Déscription d'une méthode pour mésurer les forces comparatives de la lumière fourni par divers combustibles. S. 339
- An Account of the late Eruption, etc. Déscription de la derniere éruption du Mont Vesuve, tirée d'une lettre de Sir William Hamilton, Membre de Société Royale, à Sir Joseph Banks, Président de cette Société. S. 384

2, 1796
- Richard Kirwan, Examination of the supposed etc., Examen de l'origine supposée ignée des substances pierrereuses. S.137

4, 1797
- A Letter etc., Lettre de S. E. le Comte Rumford, Général en chef des armées de S. A. S. l'Electeur de Bavière, à M. A. Pictet, Prof. de Phil. à Genève; l' un des Rédacteurs de la Bibliothèque britannique (Messung der Wärmemenge beim Kochen). S. 7
- Reponse de M. A. Pictet, l'un des Rédacteurs de la Bibliothèque britannique à S. E. le Comte Rumford. S. 27
- Richard Kirwan, Elements of Mineralogy. S. 109

5, 1797
- James Hutton, Theory of the Earth, etc. Théorie de la Terre, avec des preuves et des éclaircissemens; en quatre parties. S. 53
- Comte de Rumford, Sur la manière dont la Chaleur se propage dans les Fluides. S. 97
- Count Rumford's Experimental Essays, etc. Essais politique, économiques et physique. VIe. Essais; sur la conduite de Feu et l'économie du combustible. S. 201, 297

6, 1797
- Richard Kirwan, Essai sur les variations du Baromètre, premier extraits. S. 97

7, 1798
- Edouards Williams, Expériences sur la force expansive de l'eau qui se gèle. S. 14
- Lettre du Dr. Thomson au Redacteur, sur la nature des marbres vomis par le Vésuve, etc. S. 40
- James Hutton, Observations sur le granite; avec des remarques sur le même sujet, fournis par Mr. De Saussure

8, 1798
- Recherches sur la source de la chaleur qui excite le frottement. S. 3
- Seconde partie du VIIe. Essai du Comte de Rumford sur la propagation de la chaleur dans les fluides. S. 85

9, 1798
- Richard Kirwan, Sur l'État primitf du globe et la catastrophe qui lui succède. S. 228, 337
- Richard Kirwan, Élémens de minéralogy. Second extrait. S. 47

10, 1799
- Sir James Hall, Circonstances singulieres desquelles dépendent le caractère vitreux, ou le caractère pierreux dans les basaltes et des laves. S. 62
- Comte de Rumford, Expériences pour déterminer la force de la poudre enflammée. S. 304

11, 1799
- Comte de Rumford, Expériences pour déterminer la force de la poudre enflammée. Dernier etrait. S. 3

13, 1800
- Comte de Rumford, Recherches sur le poids attribué à la matière de la chaleur. S. 217

14, 1800
- Sir James Hall, Expériences sur le Whinstone et la Lave. S. 45, 127

15, 1800
- Expérience d'Herschel sur la lumière et la chaleur. S. 193
- William Herschel, Expériences sur les rayons solaires et terrestres qui occasionnent la chaleur. S. 293
- Richard Kirwan, Observations sur les preuves de la Théorie Huttonnienne de la Terre, avancée par Sir J. Hall. S. 46, 139
- Fragment d'une lettre de Mr. L. de Buch à M. A. Pictet sur la controverse entre Kirwan et Sir J. Hall. S. 240
- Lettre de G. A. De Luc sur le Whinstone et la Lave. S. 340

16, 1800
- Lettre de Mr. L. Buch à M. A. Pictet sur les volcans. S. 227
- Th. Thomson, Expériences pour déterminer si les fluides sont, ou non, des conducteurs du calorique. S. 301

17, 1801
- Lettre de G .A. De Luc, aux Rédacteurs de la Bibl. britannique (Auseinandersetzung über den Basalt mit Leopold von Buch). S. 83

18, 1801
- W. Nicholson, Expériences sur la faculté conductrice des liquides rélativement la chaleur. S. 3

19, 1802
- William Herschel, Expériences sur les rayons solaire et terrestres qui occasionnent la chaleur. S. 19, 123

20, 1802
- John Dalton, Essai sur la constitution des fluides élastiques (Untersuchung der Expansionskraft von gemischten Gasen bei unterschiedlichen Temperaturen). S. 325

22, 1803
- Pierre Prévost, Quelques remarques sur la chaleur et sur l'action des corps qui l'interceptent. S. 25
- Expériences nouvelles sur la lumière et la chaleur. S. 118

– John Dalton, Éclaircissement sur la contitution des Gaz mélangés. S. 209

23, 1803
– John Playfair, Éclaircissemens sur la Théorie de Hutton. S. 22, 147, 256

25, 1804
– Comte de Rumford, Sur la propagation de la chaleur dans les fluide. S. 3
– Pierre Prévost, Considération sur la mode d'action du Calorique. S. 13, 205, 309
– Jean-André De Luc, Noevelles observations sur les Volcans et sur leurs laves. S. 356

27, 1804
– Tardy de la Brossy, Lettre sur l'explication donée par le Comte de Rumford, des puits da la glace quòn trouve à Chamouni, et observations sur cette lettre. S. 167
– Jean Baptiste Biot, Mémoire sur la propagation de la chaleur. S. 310

28, 1805
– John Leslie, Recherche expérimentale sur la nature et la propagation de la chaleur. S. 109, 209, 297

29, 1805
– John Leslie, Recherche expérimentale sur la nature et la propagation de la chaleur. S. 3, 93, 293

30, 1805
– John Leslie, Recherche expérimentale sur la nature et la propagation de la chaleur. S. 3
– Gregory Watt, Observations sur le basalte. S 93, 197, 289
– Lettre de Mr. De Buch sur la dernière éruption du Vésuve. S. 247

32, 1806
– Comte de Rumford, Nouvelles expériences sur la propagation de la chaleur dans les liquides. S. 123
– Guillaume Antoine De Luc, Observations sur les corps cristallisés renfermés dans les laves. S. 156
– Guillaume Antoine De Luc, Remarques sur la lettre de Mr. Patrin concernant les differentes formes que présente le basalte. S. 263
– Lettre de Mr. Patrin sur les formes de basalte. S. 86

33, 1806
– Sir James Hall, Effets de compression et de la chaleur. S. 23, 130, 210

34, 1807
- Marc-Auguste Pictet, Nouvelles expériences sur le maximum de densité de l'eau. S. 113
- Tardy de la Brossy, Maximum de densité de l'eau. S. 193
- Comte de Rumford, Epériences et observations sur l'adhésion des molécules des liquides entr'elles. S. 301

38, 1808
- Tardy de la Brossy, Considérations sur la chaleur spécifique des corps. S. 201

39, 1808
- Reverend William Richardson, Argumens contre l'origine volcanique du basalte. S. 211

40, 1809
- Guillaume Antoine De Luc, Observations sur l'origine volcaniques des basaltes. S. 30
- Guillaume Antoine De Luc, Remarques sur les basaltes. S. 164

43, 1810
- Marc-Auguste Pictet, Notice sur la mésure des hauteurs par baromètre. S. 19, 91, 299

44, 1810
- Marc-Auguste Pictet, Fin de la notice sur la mésure des hauteurs par baromètre. S. 3

45, 1810
- J. D. Maycock, Remarque sur la chaleur rayonnante du Prof. Leslie. S. 213
- Tardy de la Brossy, Considérations sur la mésure des hauteurs barométriques. S. 307

46, 1811
- Expérience sur le poids de la chaleur, tirée d'une lettre de Mr. B. de Sanctis. S. 23
- Robertson Buchanan, Essai sur l'emploi de la chaleur. S. 23, 105, 205, 315

51, 1812
- Comte de Rumford, Description d'un nouveau Calorimètre. S. 3, 97

52, 1813
- Comte de Rumford, De la chaleur developpée dans la combustion de diverses substances, et de condensation des vapeurs, etc. S. 209

54, 1814
- Comte de Rumford, Sur la lumière de la combustion. S. 3

55, 1815
- James Hall, Des révolutions de la surface du globe. S. 250
- John Leslie, Des rapports de l'air avec la chaleur et l'humidité. S. 263

56, 1814
- John Leslie, Des rapports de l'air avec la chaleur et l'humidité. Sec. et trois. extrait. S. 3, 101
- Sur le système géologique de Werner. S. 22, 139, 219
- Notice sur la mort de Comte de Rumford. S. 398

57, 1814
- John Playfair, Densité moyenne du globe. S. 315

59, 1815
- Robert Jameson, Observations et considérations géologique. S. 261
- Jean André De Luc le jeune, Réfutation de l'hypothèse d'um auteur anonyme sur la formation des vallées. S. 321

60, 1815
- Richard Davenport, Sur la réflexibilité du froid. S. 3
- Robert Jameson, Sur les roches conglomerées, ou bréchiformes. S. 368

Literatur und Anmerkungen

1 Zürich 1799, Eine Stadt erlebt den Krieg. Hg. Stadt Zürich 2005. PDF online.

2 Bernhard Friedrich Kuhn, Magazin für die Naturkunde Helvetiens, hg. Joh. Georg Albrecht Höpfner. Zürich 1787. 1. Band S.119–136. Nachtrag im 3. Band 1788, S.427–436.

3 Frédéric Barbey, Félix Desportes et l'annexion de Genève à la France 1794–1799. Paris 1916, S.48, 57.

4 Bibliothèque britannique Litterature T. 7, 1798, S.XIII.

5 Karol Fryderyk Wojda, Briefe über Italien geschrieben in den Jahren 1798 und 1799. Leipzig 1802, Band 1, S.28.

6 A.a.O., S.77.

7 Mariana Starke, Travels in Italy between the years 1792 and 1798; containing a view of the late revolutions in that country. Also a supplement comprising instructions for travelling in France. Zwei Bände. London 1802.

8 Lettres d'Alexandre de Humboldt à Marc- Auguste Pictet (1795–1824). Le Globe, Revue genevoise de géographie 1868, Vol. 7, S.152.

9 Brosamen zur Blumenbachforschung. Begründet und herausgegeben von Norbert Klatt. Der Reihe sechster Band. Göttingen 2013. Frank William Peter Dougherty, The correspondence of Johann Friedrich Blumenbach. Vol. V: 1796–1800. Letter 1115 vom 1.2.1798.

10 Dictionnary of Irish Biography, Cambridge 2009.

11 A.M.S. (Andrea Maria Savaresi), Lettere su il volcani al Signor Guglielmo Thomson. »Giornale Letterario di Napoli«, vol. XCVII / Brief vom 21. November 1797 von William Thomson aus Neapel an die Redakteure der Bibliothèque britannique über die Natur des weißen Marmors, der aus dem Vesuv gespuckt wird: Bibliothèque britannique, sciences et arts Tome 7, März 1798, S.40. Für die Meteoriten von Siena wurde wegen des gleichzeitigen Steine schleudernden Ausbruchs des Vesuv ein vulkanischer Ursprung diskutiert: Ursula B. Marvin: Ernst Florens Friedrich Chladni (1756-1827) and the origins of modern meteoric research. Meteoritics & Planetary Science 42, Nr 9, Supplement, B3–B68 (2007) http://meteoritics.org.

12 Dictionnary of Irish Architects 1720–1940. Online 2014 / Alberto Fortis, Viaggio in Dalmazia. Venezia 1774. Englisch: Travels into Dalmatia; containing general observations on the natural history of that country and the neighbouring islands; the natural productions, arts, manners and customs of the inhabitants: in a series of letters from Abbe Alberto Fortis, to the Earl of Bute, the Bishop of Londonderry, John Strange, Esq.

&c. To which are added by the same author, observations on the island of Cherso and Osero. Translated from the Italian under the author´s inspection. With an appendix, and other considerable additions, never before printed. Illustrated with twenty copper plates. London. 1778. In späteren Veröffentlichungen erwähnte Fortis auch Dolomieu und Hall: Mémoire pour servir à l'histoire naturelle de l'Italie et des pays adjencens. Paris 1802, Tome I.

13 Rebecca Margaret Ricardo Campion, Reconstructing an Ascendancy world: the material culture of Frederick Hervey, the Earl Bishop of Derry (1730-1803). Thesis PDF National University of Ireland Maynooth 2012, S. 246 f.

14 Karl Bruhns, Alexander von Humboldt. Eine wissenschaftliche Biographie. Leipzig 1872. 1. Band, S. 252.

15 A. a. O., Band 1, S. 252–254.

16 Vom Verfasser des Natalis, Reise von Glogau nach Sorrent über Breslau, Wien Triest, Venedig, Bologna, Florenz, Rom und Neapel. Berlin 1804. Teil 3, S. 27. Der halbanonyme Verfasser ist der Schriftsteller und Publizist Karl Friedrich Benkowitz (1764–1807).

17 Biographie des Hommes vivants«, T.3. Paris 1817.

18 Journal of Elizabeth Lady Holland (1791-1811) Vol. 1, London 1908, am 18.12.1798.

19 The London Chronicle vom 22.–24. 4. 1800 / Biographisches Lexikon des Kaiserthums Österreich 1865, Band 13, S. 161.

20 Mémoires de Larevellière-Lépeaux éditées par R. D. D'Angers (Paris, 3 Bände 1895, Band 3, S. 274.

21 Frank William Peter Dougherty, The correspondence of Johann Friedrich Blumenbach. Vol. V: 1796–1800. Letter 1115 vom 1.2.1798 Zach an Blumenbach.

22 Jahrbücher der Berg- und Hüttenkunde, herausgegeben von Karl Erenbert Freyherrn zu Moll. Salzburg 1799. Band 3, S. 355.

23 Intelligence in War: From Nelson to Hitler, Copyright © 2003 John Keegan, published by Alfred A. Knopf, a division of Random House, Inc./ Auszug Historynet online: Nelson's persuit of Napoleon's Egypt expedition.

24 Helmut Veil, Mitten im Umsturz Europas. Der Geologe und Revolutionär Faujas de Saint- Fond (1741 bis 1819). Frankfurt am Main 2012, S. 141.

25 Alexander von Humboldt, Eine wissenschaftliche Biographie, hg. Karl Bruhns. Leipzig 1872, Band 1, S. 256.

26 Die am 1. Januar 1798 erstmals erschienene »Neueste Weltkunde« war ein Projekt Cottas, Redakteur war Ernst Luwig Posselt. Diese Tageszeitung, für die Cotta Zensurfreiheit ausgehandelt hatte, begann gleich mit einer Auflage von 2500 und 1400 Abonennten und war »Tagesgespräch

der deutschen Intellektuellen« (Zeit online Magazin. Kurt Oesterle, Der Redakteur in Flammen). Posselt war ein Freund von General Jean-Victor Moreau, der 1797 mehrere Schlachten am Oberrhein gewonnen hatte und wegen seiner Verbindungen zu dem auf die Seite der Royalisten übergelaufenen Pichegru Ende 1797 abberufen worden war. Moreau wurde dann doch Ende Oktober 1798 zum *Inspecteur général* der bedrängten italienische Armee berufen. Vielleicht war er während seines 9-monatigen erzwungenen Aufenthaltes in Paris einer der Informanten Posselts aus Paris.

27 »Par l'effet de cette sage disposition, l'Egypte pouvait devenir en peu de temps, non seulement une colonie, mais en quelque sorte une province Française, et offrir à ses nouveaux habitants l'image de leur propre patrie« (DROUIN, J.-M.: ›Analogies et contrastes entre l'expédition d'Egypte et le voyage d'Humboldt et Bonpland‹. História Ciências Saúde Manguinhos, vol. VIII (supplément), 839-61. Rio de Janeiro 2001 / Georges Marblé, La vie extraordinaire de Déodat de Gratet de Dolomieu. PDF online.

28 Jamen Ben Tahar, Les stratégies de la Régence de Tunis durant l'expédition d'Égypte. In: Égypte Monde arabe, deuxième série no. 1, 1999, S. 161–169.

29 Nouvelles politiques publiées à Leyde 31. Mai 1799, No. XLIV Supplément.

30 Lettres d'Alexandre de Humboldt à Marc Auguste Pictet (1795–1824). Genève 1868, a. a. O., S. 147.

31 Jean- François Loude, A Paul – Saussure. Bulletin of the Scientific Instrument Society. PDF online 28.1.2010.

32 J.R. Dinwiddy, Radicalism and Reform in Britain 1780-1850. London 1992, S. 155.

33 Jean Cassaigneau, Jean Rillet, Marc-Auguste Pictet ou le rendez-vous de l'Europe universelle. Genève 1995, S. 137. Übersetzung H.V.

34 Frankreich im Jahr 1804: Aus den Briefen Deutscher Männer in Paris. Mit Belegen. Drittes Stück. Altona 1804, S. 249.

35 The later Correspondence of George III. Hg. A. Aspinall. Cambridge 1967. Band 3, January 1798 to December 1801. S. 127.

36 »To remedy the frequent distresses of the common people, the poor laws of England have been instituted; but it is to be feared, that though they may have alleviated a little the intensity of individual misfortune, they have spread the general evil over a much larger surface. It is a subject often started in conversation and mentioned always as a matter of great surprise that, notwithstanding the immense sum that is annually collected for the poor in England, there is still so much distress among them. Some think that the money must be embezzled, others that the church-wardens and overseers consume the greater part of it in dinners. All agree that

somehow or other it must be very ill-managed. In short the fact that nearly three millions are collected annually for the poor and yet that their distresses are not removed is the subject of continual astonishment. But a man who sees a little below the surface of things would be very much more astonished if the fact were otherwise than it is observed to be, or even if a collection universally of eighteen shillings in the pound, instead of four, were materially to alter it« (Thomas Malthus: An Essay on the Principle of Population. London 1798. II, Chapter IV). Deutsch: Versuch über die Bedingung und die Folgen der Volksvermehrung. Zweiter Theil, übers. von Franz Herrmann Hegewich, Altona 1807, S. 50.

37 Experiments on the Cooling of Water below Its Freezing Point. In: Philosophical Transactions. Band 78, 1788, S. 125–146.

38 Bibliothèque britannique, Science et Arts Band 15, S. 140.

39 Philip Harwood, History of the Irish Rebellion of 1798, London 1844. S. 247.

40 18th-19-Century History, Features, Issue 3. Autumn 1997. The United Irishmen, Volume 5.

41 Russell McCormmach, Henry Cavendish on the Theory of Heat. Isis Vol. 79, No. 1 (Mar., 1988), pp. 37-67. www.jstor.org/stable/234440.

42 Jahrbücher der Berg- und Hüttenkunde, herausgegeben von Karl Erenbert Freyherrn zu Moll. Salzburg 1799. Band 3, S. 361.

43 A. a. O., S. 371.

44 Die Liste der Besucher und Donatoren findet sich am Ende seiner Einleitung zu »Gabinetto mineralogico del collegio Nazareno«. Rom 1792. T. 2.

45 Mémoires de Larevellière-Lépeaux. Paris 1895, Bd. 3 S. 250.

46 Bibliothèque britannique, Sciences et Arts 1800, Band 14, S. 146.

47 Carlo Botta, Storia d'Italia dal 1789 al 1814. Paris 1824, 4 Bände. IV, S. 179-181, zitiert nach: Joseph Alexander Freiherr von Helfert, Königin Karolina von Neapel und Sizilien im Kampfe gegen die französische Weltherrschaft 1790–1814, Wien 1874, S. 26.

48 Friederike Hausmann, Tod in Neapel. Leben und Sterben der Eleonora Fonseca Pimentel, die 1799 Italiens Süden zur Freiheit bekehren wollte. DIE ZEIT 19.08.1999 Nr. 34.

49 Spaziergang nach Syrakus. In: J. G. Seume's sämmtliche (sic) Werke. Leipzig 1837, S. 182.

50 Helmut W. Flügge, Leopold von Buchs Tagebuch, Briefe und Publikation über seine Wanderung durch das Salzkammergut. Jahrbuch der Geologischen Bundesanstalt. Wien Dezember 2010. Band 150, S. 431-441 / Leopold von Buchs gesammelte Schriften herausgegeben von J. Ewald, J. Roth und H. Eck. Berlin 1867. Band 1. Der genaue Ablauf seiner Reisen im Vorwort / Leopold von Buch, Geognostische Beobachtungen auf Reisen durch Deutschland und Italien, Bd. 2. Berlin 1809 / Jean-Michel

Pictet et René Sigrist, « La *Correspondance* scientifique de Marc-Auguste *Pictet* (1752-1825) T. IV, Les correspondants suisses, italiens, allemands et autres. Genève 2004.

51 »A mon arrivée à Trivigiano, j'ai trouvé cette ville pillée par des soldats de la division Serrurier, la mienne n'a pas été plus sage, et a fini de ruiner ses pauvres habitans; le chef de brigade Auvray me rend compte que des militaires faisant partie de l'avant-garde, et quelques uns de la quatrième y sont entrés malgré la force armée, et ont poussé la scélératesse jusqu'à incendier une maison. Je viens de donner un ordre pour prévenir de semblables excès ; mais je crois qu'un ordre de votre part est nécessaire dans le moment où nous allons entrer dans le pays conquis, et où il est à propos de nous faire aimer Le soldat, livré au pillage, a méconnu ses chefs ; un volontaire de la soixante-neuvième a couché en joue le chef de bataillon Arnaud, qui voulait arrêter le désordre : cet individu a été consigné, et on l'a laissé évader. Je vous envoie copie de l'ordre que j'ai donné« (Correspondance inédite officielle et confidentielle de Napoléon Bonaparte. Paris 1819. Tome 2, S. 512).

52 »pour empêcher le gouvernement cisalpin de porter une main indiscrète sur un pareil établissement, mais même pour l'engager à lui donner tous les encouragement, toute l'extension dont il est susceptible«. Mémoires Larevellière Bd. 3, S. 303.

53 A. a. O., S. 321

54 Giavanni Maconie, Giovanni Rasori (1766-1837) e la »Medicina Romantica«. Pavia 1984. PDF online.

55 Allgemeiner Litterarischer Anzeiger No. XV, 4. Febr. 1797.

56 Louis de Launay, Un grand français. Monge. Fondateur de l'Ecole polytechnique. Kap. V: Première mission en Italie, avec la commission des sciences et arts (20 Mai 1796 au 25 Octobre 1797). Übersetzung H.V.

57 Xavier Boniface Saintine, Die Feldzüge in Italien, zweiter Theil. Der Feldzug von 1796 und 1797. Darmstadt 1829. S. 196–198.

58 Aus der Proklamation von Bonaparte vom 28. Mai 1796 in Brescia an die Bewohner der Lomardei: Le général en chef déclare rebelles tous les villages qui ne se sont pas conformés à son ordre. Les généraux feront marcher contre les villages les forces nécessaires pour les réprimer, y mettre le feu, et faire fusiller tous ceux qu'ils trouveront les armes à la main... Tous villages où l'on sonnera le tocsin seront sur-le-champ brûlés... Toute campagne où il sera trouvé des armes cachées sera condamnée à payer le tiers du revenu qu'elle rend, en forme d'amende. Toute maison où il sera trouvé un fusil sera brûlée, à moins que le propriétaire ne déclare à qui il appartient. Tous les nobles ou riches qui seraient convaincus d'avoir excité le peuple à la révolte... seront arrêtés comme otages, transférés en France, et la moitié de leurs revenus confisquée.

59 Karol Fryderyk Wojda, Briefe über Italien geschrieben in den Jahren 1798 und 1799. Leipzig 1802, Band 2, S. 30f.
60 Sabine Lubliner-Mattatita, Monge et les object d'art d'Italie. Bulletin de la SABIX (Société des amis de la bibliothèque et de l'histoire de l'École polytechnique) 41, 2007, S. 92–110.
61 Luigo Valentino Brugnatelli, Elementi di chimica appoggiati alle più recenti scoperte chimiche e farmaceutiche (3 voll.), Pavia 1795–1798) / Drei Artikel in den Annales de Chimie behandeln diesen Streit um das »Thermoxigen«: (Vol. 25, pp. 216-7); ‚Examen de quelques critiques de la nomenclature des chimistes français' by Guyton de Morveau (Vol. 25, pp. 205 ff.) und die Notiz der Herausgeber, die einen lapidaren Grund für die falsche Zuschreibung nennen (Vol. 26, pp. 335–6).
62 Bougard, Michel, Jean-Baptiste van Mons, een boegbeld van de scheikunde. In: Geschiedenis van de wetenschapen in België, 1815-2000. Vol. 1 Brussel 2001, S. 146. Französische Version online / Quetelet, Alphonse, Notice historique sur J.- B. Van Mons; sa correspondance avec Roberjot. In: Trésor National: recueil historique, littéraire, scientifique, artistique, commercial et industriel, 2e série, t. 1, Bruxelles : Wouters, Raspoet et cie, imprimeurs libraires, 1843, p. 40–48. Siehe auch Allgemeines Journal der Chemie Leipzig 1799. Band 2, S. 167. Pictet wird das Thermoxigen am 14.10.1801 auf der Rückreise von England in Paris mit Laplace, Vauquelin, Berthollet, Lacepède, Guyton de Morveau und Prony diskutieren und dabei auch Brugnatelli und Volta treffen. Nach einer Notiz Brugnatellis war Pictet vom Konzept des »thermoxygène« vollständig überzeugt (Jean Cassaigneau, a. a. O., S. 187, 188).
63 Lauro Rossi, Giovanni Fantoni en exil à Grenoble 1799. Annales historique de la Révolution française 1998 Volume 313, No. 1, pp. 515–543.
64 Rapport fait à l'Institut Nationale sur ses voyages de l'an V et l'an VI (ca. 1796 und 1797). Journal des mines 1797–1798.
65 René Sigrist, Correspondance de Marc-Auguste Pictet (1752-1825), Partie scientifique et technique. Tome III. PDF. S. 49 / Jean Cassaigneau, a. a. O., S. 155.
66 J. Bertrand, Notice historique sur M. Pierre-Louis-Antoine Cordier. Mémoires de l'Académie des sciences de l'Institut de France Paris 1904, T. 47.
67 Daniel Panzac, Un inquiétant retour d'Egypte: Bonaparte, la peste et les quarantaines. Cahiers de la Méditerranée 1998. Vol. 57, No. 1, pp. 271–280.
68 Brief des Generals Kleber an das Direktorium 20. September 1799. In: Oevres de Capefigue, L'Europe pendant le Consulat et l'Empire de Napoléon. Bruxelles 1840. Tome 1, S. 135. Das ist der royalistische Historiker Jean-Baptiste Honoré Raymond de Capefigue / Memoiren des Staatsministers von Bourrienne über Napoleon, das Directorium, das

Consulat, das Kaiserreich und die Restauration. Leipzig 1829. Band 3, S. 132f. Das ist Louis Antoine Fauvelet de Bourrienne, der Privatsekretär Bonapartes in Ägypten.

69 Memoires of the life and adventures of Colonel Maceroni. London 1838. Vol. 1, S. 16 / Biographie nouvelle des contemporains. Paris 1822, T. 6.

70 Münchner Oberdeutsche Staatszeitung 1. Mai 1801.

71 Morton D. Paley, Samuel Taylor Coleridge and the Fine Arts. Oxford 2008, S. 27 / Coleridge,Fire, Famine, and Slaughter: A War Eclogue. Daraus:
FIRE.
Sisters! I from Ireland came –
Hedge and corn-fields all on flame,
I triumph'd o'er the setting Sun;
And all the while the work was done.
And on as I strode with monst'rous strides,
I flung back my head, and held my sides;
It was so rare a piece of fun,
To see the swelter'd cattle run,
With uncouth gallop, all the night,
Scar'd by the red and noisy light!
By the light of his own blazing Cot
Was many a naked Rebel shot:
The house-stream met the flames, and hiss'd
While crash! fell in the roof, I wist
On some of those old bed-rid nurses,
That deal in discontent and curses!

72 Pierre-François Hugues, bekannt als selbst ernannter 'baron d'Hancarville' (1719–1805), Collection of Etruscan, Greek, and Roman antiquities from the cabinet of the Honble. Wm. Hamilton, His Britannick Maiesty's envoy extraordinary at the Court of Naples. 4 Bände 1767–1776.

73 Leslie to Wedgwood, 26 May 1793, Wedgwood Papers, Keele University Library, MS. E-241-1. Leslie to Wedgwood, 14 July 1794, ibd. MS E-244-I. Zitiert nach: Shapin, Steven. 1974. Property, patronage, and the politics of science: The founding of the royal society of Edinburgh. The British Journal for the History of Science 7(1): 1–41.

74 Leslie, Annals of Philosophie. London 1819, vol. XIV, p. 5–27 und die Bemerkungen des Herausgebers dazu 1820, vol. XVI, p. 7 / Thomas Wegdwood, Experiments and Observations on the production of Light from different bodies by heat and attritionspi (Reibung). Philosophical Transactions of the Royal Society of London 1792, pp. 28–47.

75 John Leslie, Recherche expérimentale sur la nature et la propagation de la chaleur. Bibliothèque britannique 29, 1805, S. 115.

76 Philosophical Transactions of the Royal Society of London 1804, Vol. 94, S. 279 / Observations sur le basalte. Bibliothèque britannique 1805, Tome 30, S. 93, 197, 289.

77 Claire-Eliane Engel, Genève et l'Angleterre: Les De Luc, 1727–1817. Zeitschrift für schweizerische Geschichte 26, 1946. Heft 4. PDF online.

78 Jean-André Deluc, Sur l'histoire physique de la terre adressées à M. le professeur Blumenbach. Paris 1798. Vorwort S. VI.

79 Markus Augustus Picktet's, Professors der Philosophie in Genf, Versuch über das Feuer. Tübingen 1790, S. 2.

80 Stephane Fischer, Le cabinet Pictet. Musée d'histoire des sciences, ville de Genève 2009.

81 Observations générales sur les couches modernes horizontales, qui ont été déposées par la mer, et sur les consequences qu'on peut tirer de leurs dispositions, rélativement à l'ancienneté du globe terrestre. Histoire de l'Académie des Sciences 1793, S. 351–371.

82 Les OEuvres de Lavoisier Vol. 2. Édition éléctronique der Ausgabe in sechs Bänden von 1862 bis 1893 / Friedrich Ludwig Ehrmann, Essai d'un Art de Fusion à l'aide de l'air du feu ou air vital. Suivi des mémoires de Mr. Lavoisier sur le même Sujet. Strasbourg 1787, S. 335 f.

83 M. l'Abbé Haüy, Traité de Cristallographie suivi d'une application des principes de cette science à la détermination des espèces minérales et d'une nouvelle méthode pour mettre les formes cristallines en projection. Paris 1822. T. 2, p. 564 / René-Just Haüy, Traité élémentaire de physique. Paris 1803, Band 1, S. 113.

84 John Playfair, Illustrations of the Huttonian Theory of the Earth. Edinburgh 1802 / »they judge of the great operations of the mineral kingdom, from having kindled a fire, and looked into the bottom of a little crucible«. Theory of the earth. Edinburgh 1795, vol. 1, p. 251 / John Playfair, Biographical Account of James Hutton, M.D.F.R.S.Ed. Edinburgh 1797, S. 22.

85 Hutton, a. a. O., Band 3, S. 98.

86 Patsy A. Gerstner, The Reaction to James Hutton's Use of Heat as a Geological Agent. The British Journal of the History of Science Vol. 5, No. 4 (Dec. 1971) pp. 353–362.

87 Jean Sénébier, Mémoires historique sur la vie et les écrits de Horace Bénédict Desaussure. Genève L'an IX–1800/01.

88 Horace-Bénédict de Saussure, Lettre sur les moyens de concentrer la chaleur du soleil. Supplément au no 108 du Journal de Paris, publié le 17 avril 1784. Übers. H. V.

89 Saussure, Voyages dans les Alpes: Les causes du froid qui regne sur les hautes montagnes. 1779 T.II, S. 294 / Stéphane Fischer, Horace-Bénédict de Saussure Naturaliste des Alpes. Genf 2014, S. 35.

90 Mémoire sur les variations de hauteur et de température de l'Arve (Journal de physique, 4 (1798), 50–55 / Lettres d'Alexandre de Humboldt à Marc Auguste Pictet (1795-1824). Le Globe, Journale géographique 7, 1868, S. 129-204. 22.6.1798: S. 154 = Mémoires de la Société de Géographie de Genève.
91 Saussure, Voyages dans les Alpes Bd. 1, S. 177ff. / Nicolas Desmarest, Sur l'origine de la nature du Basalte à grande colonne polygone, détérminées par l'Histoire Naturelle de cette pierre, observée en Auvergne. Histoire de l'Académie Royal des Sciences 1771, S. 723 / Jean d'Arcet, Mémoire sur l'action d'un feu égal, violent et continué pendant plusieurs jours sur un grand nombre de terres et pierres & de chaux métalliques essayées pour la plupart telles qu'elle sortent du sein de la terre. Paris 1766, S. 66.
92 Examination on the Supposed Igneous Origin of Stony Substances. Transactions of the Royal Irish Academy 1793, Vol. 5, S. 51, Experimente S. 79
93 Spallanzani, Reise in beyde Sicilien, 2. Theil. Leipzig 1795, S. 46.
94 A. a. O., 3. Theil, S. 296.
95 A. a. O., 1. Theil, S. 50f.
96 Diversi prodotti sottososti al fornace. In: Lettere di vari llustri italiani del secolo 18. e 19. a'loro amici e dee' massimi scientati e litterati nationali e stranieri al celebre abate Lazzaro Spallanzani e molte sue riposte al medisimi ora per la prima volta publicata. Reggio 1843. Band 10, S. 125. Enthält ab S. 263 den Index der Briefe an Spallanzani für alle Bände. Im Band 8 die Briefe, die Spallanzani geschrieben hat.
97 Saussure, Voyages dans les Alpes, a. a. O., Band 4, Kap. 35.
98 Lavoisier et De La Place, Mémoire sur la chaleur. Histoire de l'Académie royale des sciences 1780, S. 355–408.
99 Lavoisier, Traité élémentaire de chimie Pais 1793. 2. Ausgabe, 1. Teil, S. 5.
100 Marc-Auguste Pictet, Essais de Physique. Genève 1790. T. 1 Essai sur le feu, S. 81.
101 Horace-Bénédict de Saussure, Essais de l'Hygrométrie. Neuchâtel 1783.
102 Pierre Prévost, Mémoire sur l'équilibre du feu. In: Observations sur la physique, sur l'histoire naturelle et sur les arts. Paris 1791, T. 38, S. 314.
103 Pierre Prévost, Recherches physico-mécanique sur la chaleur. Genève et Paris 1792.
104 Inquiry concerning the Source of the Heat Which is Excited by Friction«. By Benjamin Count of Rumford, F. R. S. M. R. I. A. Phil. Trans. R. Soc. Lond. January 1, 1798 vol. 88 80-102 / Bibliothèque britannique Sciences et Arts T. 8, 1798. / Allgemeines Journal der Chemie, Leipzig 1798, Band 1, Heft 1, S. 9–31. Der Herausgeber des Journals, Alexander Nicolaus Scherer, war an der Gründung der naturforschenden Gesell-

schaft in Jena beteiligt, hatte mit großherzoglichem Stipendium England und Schottland bereist und wurde 1799 Bergrat in Weimar.

105 An Account of a curious Phenomenon observed on the Glaciers of Chamouny; together with some some occasional Observations concerning the Propagation of Heat in Fluids. Read December 15, 1803. Philosophical Transactions of the Royal Society of London. Vol. 94, 1804. S. 23–29 / Bibliothèque britannique Vol. 26, 1804. S. 167.

106 Essai du Comte de Rumford sur la propagation de la chaleur dans les FLUIDES; contenant les détails de plusieurs EXPÉRIENCE NOUVELLES. Bibliothèque britannique T. 8. Genève 1798. S. 88 f.

107 Antoine Laurent de Lavoisier, Mémoires de chimie, 2 vol. 1805 / Cassaigneau, a. a. O., S. 236 / Jean-Pierre Poirier, La Science et l'Amour. Madame Lavoisier. Paris 2004.

108 James Keir, On the Cristallizations Observed on Glass, Philosophical Transactions LXVI (1776), S. 539.

109 Experiments on Whinstone and Lava. Transactions of the Royal Society of Edinburgh 1805, vol. 5, part I, 43–98 / Bibliothèque britannique 1800, T. 14, S. 45.

110 »Should the circumstances of the times permit, the author will have it in his power to follow out with every advantage, the hints I have suggested«, a. a. O., S. 71.

111 Dr. Robert Kennedy, A Chemical Analysis of three Species of Whinstone, and two of Lava. Transactions of the Royal Society of Edinburgh 1805. Vol. 5, p. 76.

112 Account of a series of experiments, showing the effects of compression in modifying the action of heat. The Philosophical Magazine Vol. XXIV. London 1806, S. 146. Übers. H. V.

113 Enzyclopaedia Britannica, Edinburgh 1810, Vol. XVII, S. 196.

114 Hall, a. a. O., S. 157.

115 Hall, a. a. O., S. 175.

116 Josiah Wedgwood and Joseph Banks, An Attempt to make a Thermometer for measuring the higher Degrees of Heat, from a red Heat up to the strongest that Vessels made by Clay can support. Read May 9, 1782. Philosophical Transactions of the Royal Society of London 1782, 72, p. 305–326. Weitere Veröffentlichungen: An Attempt to Compare and Connect the Thermometer for Strong Fire, Described in Vol. LXXII. of the Philosophical Transactions, with the Common Mercurial Ones (Philosophical Transactions 1784, 74, p. 358–384). Additional Observations on Making a Thermometer for Measuring the Higher Degrees of Heat (Philosophical Transactions 1786, 76, p. 390–408). Eine französische Übersetzung, von Wedgwood veranlasst und herausgegeben 1785.

117 Hasok Chang, Inventing Temperature. Measurement and Scientific Progress. Oxford University Press 2004. S. 141.

118 Saussure, Nouvelles recherches sur l'usage du chalumeau dans la minéralogie. Journal de physique, de chimie, d'histoire naturelle et des arts. Paris 1794. T. 2, S. 11.

119 Alexandre Brogniart, Traité élémentaire de minéralogie. Paris 1807, t. 1, p. 514 / A. Ganot, Traité élémentaiure de physique.

120 Guyton de Morveau, Annales de Chimie 1810, Band 73 (31. Januar) Extrait des Mémoires lus à la Classe des sciences physiques et mathématique de l'Institut Sur la Pyrométrie, S. 254 / Band 74 (30. April) Suite de l'Extrait de l'essai de Pyrométrie, S. 18 / Examen des faits sur lesquelles sond fondées les objections contre la régularité de la marche du pyromètre de Wedgwood, S. 129 / 1811, Band 78 (30. April) De l'effet d' une chaleur égale, longtems continuiée sur les pièces pyrométriques d' argile, S. 73. Seine frühen Beschäftigungen mit der Messung sehr hoher Temperaturen stammen von 1803 (Band 46, S. 276).

121 Stephane Fischer, Horace-Bénédict de Saussure, Naturaliste des Alpes. Oevres Suisses des Lectures pour la Jeunesse 214, S. 42 / Margarida Archinard, Collection de Saussure. Musée d'art et d'histoire, Genève 1979, S. 16, 29 und De Luc et la recherche barométrique. Gesnerus: Swiss Journal of the history of medicine and sciences. 1975, Band 32, S. 235 / Jean-André Deluc, Recherches sur les modifications de l'Atmosphère. Genève 1772. 2 Bände. Deluc hatte sein Barometer bereits 1762 der Académie des Sciences in Paris vorgestellt.

122 von Buch, a.a.O., Band 1, S. 299.

123 von Buch, Considérations sur le Baromètre, a.a.O., Band 1, S. 535.

124 Deluc, a.a.O., Band 2, S. 64.

125 Dr. Johann Friedrich Benzenberg, Ueber das Höhenmessen mit dem Barometer und über die beste Einrichtung der Reise-Barometer und über die Tafeln zur Berechnung der Berg-Höhen. Allgemeine Geographische Ephemeriden. Weimar 1811, Band 34, S. 342.

126 Saussure, Essai de l'Hygrométrie, a.a.O., S. 439.

127 Voyages dans les Alpes, a.a.O., Tome 5, S. 356.

128 A.a.O., Tome 2, p. 247.

129 A.a.O., Tome 2, S. 367.

130 A.a.O., Tome 2, S. 357.

131 Gustav Bischof, Die Wärmelehre des Innern des Erdkörpers, ein Inbegriff aller mit der Wärme in Beziehung stehender Erscheinungen in und auf der Erde. Leipzig 1837. S. 170.

132 Dictionary of National Biography 1885–1900, Edited by Leslie Stephen. New York 1889. Vol. 20, S. 133 / Henry Thomas de la Beche, Report on the Geology of Cornwall, Devon, and West Somerset. London 1839, S. 373.

133 Joseph Fourier, Théorie analytique de la chaleur. Paris 1822.

134 Joseph Fourier, Mémoire sur la propagation de la chaleur dans les corps solides p. 215–221 Présenté le 21 décembre 1807 à l'Institut national – Veröffentlicht in: Nouveau Bulletin des sciences par la Société philomathique de Paris, t. I, p. 112–116, n°6; mars 1808. Paris.

135 Herschel, W., 1800: »Experiments on the refrangibility of the invisible rays of the Sun« Phil. Trans. Roy. Soc. London 90, 284–292 / Experiments on the solar, and on the terrestical Rays that occasion Heat; with a comparative View of the Laws to which Light and Heat, or rather the Rays which occasion them, are subject, in order to determine whether they are the same, or different, a. a.O. S. 293–326.

136 G. Poulett Scrope, Considerations on vulcanoes, the probable causes of their phenomena, the laws which determine their march, the disposition of their products and their connexion with the present state and past history of the globe: leading to the establishment of an new theory of the earth. London 1825.

137 Karl Alfred von Zittel, Geschichte der Geologie und Paläontologie bis zum Ende des 19. Jahrhunderts. München 1899, S. 388 f.

138 Volcanos. The character of their phenomena, their share in the structure and composition of the surface of the globe, and their relation to its internal forces with a descriptive catalogue of all known volcanos and volcanic formations. London 1862.

139 James D. Forbes, Reisen in die Savoyer Alpen und in anderen Theilen der Penninen – Kette nebst Beobachtungen über die Gletscher. Stuttgart 1845, S. 369. Englisch 1843.

140 Louis Rendu, Théorie des Glaciers de la Savoie. Chambéry 1840, S. 52.

141 Edinburgh Review, April 1842, S. 54.

142 James Thomson, Theoretical considerations on the Effect of Pressure in Lowering the Freezing Point of Water,« Transactions of the Royal Society of Edinburgh, vol. xiv. part 5, 1849 / William Thomson, The Effect of Pressure in lowering the Freezing Point of Water experimentally demonstrated. Proceedings of the Royal Society of Edinburgh (Feb. 1850). John Tyndall und Thomas Huxley machten eine ganze Versuchsreihe, die die Struktur des Gletschereises erzeugten. John Tyndall, Thomas H. Huxley, On the structure and motion of glaciers. Phil. Trans. 1857, S. 327.

143 Hermann von Helmholtz, Über Eis und Gletscher. In: Populäre wissenschaftliche Vorträge. Braunschweig 1865, S. 95 f.

Der Autor

Helmut Veil, geb. 1943, war Allgemeinarzt in Frankfurt am Main und beschäftigt sich seit Jahrzehnten mit der Geschichte der Naturwissenschaften. Er untersucht die kulturellen und ideellen Voraussetzungen epochaler Gärungsprozesse der Naturerkenntnis, in denen sich festgefügte Erklärungsmuster zersetzen und neue noch nicht etabliert haben.

Bisher erschienen

Von der Meteorologie der Sphären zum irdischen Vakuum. Wissenschaft und Religion im Barock. Ein intellektuelles Milieu – wiederbelebt aus Erasmus Francisci's Diskurs über die Luft · 2009 · ISBN 978-3-934157-99-6 · Hardcover · 384 Seiten · 51 Abbildungen · Buchausgabe 42,– Euro · E-Book (PDF) 28,80 Euro

Geistesblitz und kühne Vermutung. Eine historische Studie zur Spekulation in den Naturwissenschaften – Ptolemäus, Cusanus, Fracastorius, Stahl, Yukawa 2010 · ISBN 978-3-941743-08-3 · Broschiert · 120 Seiten, 18 Abbildungen · Buchausgabe 19,80 Euro · E-Book (PDF) 13,80 Euro

Mitten im Umsturz Europas. Der Geologe und Revolutionär Faujas de Saint-Fond (1741 bis 1819) · 2012 · ISBN 978-3-941743-27-4 · Broschiert · 244 Seiten · 25 Abbildungen · Buchausgabe 24,80 Euro · E-Book (PDF) 16,80 Euro

Aeronautiker zwischen Ballon und Vogelflug. Szenen aus der Kulturgeschichte des Fliegens · 2014 · ISBN 978-3-941743-41-0 · Hardcover · 156 Seiten · 43 Abbildungen · Buchausgabe 24,80 Euro · E-Book (PDF) 16,80 Euro

Praktiker neuzeitlicher Wissenschaften im Mittelalter. Navigatoren, Rechenmeister, Ärzte, Falkner, Künstler · 2015 · ISBN 978-3-941743-51-9 · Broschiert · 132 Seiten, 37 Abbildungen · Buchausgabe 24,80 Euro · E-Book (PDF) 16,80 Euro

Totenkopf und Schwefelblüte. Die Spur der Schwefelsäure in der Chemie des Handwerks 1500 bis 1800 · 2016 · ISBN 978-3-941743-63-2 · Broschiert · 136 Seiten, 34 Abbildungen, davon 16 farbig · Buchausgabe 24,80 Euro · E-Book (PDF) 16,80 Euro